Jumi Vogler
Erfolg lacht!

JUMI VOGLER

Erfolg lacht!

HUMOR als Erfolgsstrategie

Bibliografische Information der Deutschen Nationalbibliothek

Die Deutsche Nationalbibliothek verzeichnet diese Publikation
in der Deutschen Nationalbibliografie; detaillierte bibliografische
Daten sind im Internet über http://dnb.d-nb.de abrufbar.

ISBN 978-3-86936-326-4

Lektorat: Christiane Martin, Köln | www.wortfuchs.de
Umschlaggestaltung: Martin Zech Design, Bremen | www.martinzech.de
Umschlagfoto: Radius Images / Corbis und Goos Lar / fotolia
Satz und Layout: Das Herstellungsbüro, Hamburg |
          www.buch-herstellungsbuero.de
Druck und Bindung: Salzland Druck, Staßfurt

Copyright © 2012 GABAL Verlag GmbH, Offenbach

www.gabal-verlag.de
www.facebook.com/Gabalbuecher
www.twitter.com/gabalbuecher

Inhalt

Humor verändert die Welt. Zumindest Ihre

Liebe Leserin, lieber Leser,

ich gehe davon aus, dass Sie sich dieses Buch aus freien Stücken gekauft haben. Weil Sie das Thema »Humor« interessiert. Sollte das nicht der Fall sein, zum Beispiel weil Sie es als Geschenk bekommen haben, bleibt Ihnen nun nichts anderes übrig, als dem Gaul ins Maul zu schauen (oder das Buch umzutauschen, was ich aber nicht so lustig finden würde, obwohl ich sonst viel Humor habe). So oder so fangen wir jetzt an:

Humor als Erfolgsstrategie – was bedeutet das? Ganz einfach: Es bedeutet, dass Sie durch dieses Buch ganz nach Ihrem Gusto

- Ihren Humor entweder wiederentdecken (Jeder Mensch hat Humor. Bei einigen hat er sich wegen all der Anstrengungen des Lebens nur tief ins Innere verzogen. Aber er ist da. Bei jedem. Wirklich.)
- oder Ihren schon vorhandenen Humor auf Hochglanz polieren können und
- in beiden Fällen mit Humor im Privatleben und im Beruf sehr viel mehr Erfolg haben.

Sie streben keine Karriere als Comedian an? Sie haben keine Lust, den Pausenclown zu geben? Da haben Sie recht.

Denn Humor ist viel mehr als Entertainment. Humor ist eine Lebenseinstellung. Eine Philosophie, mit der man die Welt auf eine ganz andere Art erkennen und deuten kann. Humor ist eine Strategie, um in dieser Welt das eigene Leben glücklicher und erfolgreicher zu gestalten – ohne große Anstrengung. Sie aktivieren einfach nur das, was sowieso in Ihnen steckt, was Ihr einzigartiges Potenzial als Mensch ist. Sie lassen ihn einfach nur heraus, den Humor. Und während Sie das tun, werden Sie eine Menge Spaß haben. Wenn das kein neues

Konzept ist! Veränderung, die auch noch Vergnügen bereitet! Das Einzige, was Sie brauchen – da kommen wir nicht drum herum – ist ein kleines bisschen Mut. Den haben Sie doch, oder!?

Dieses Buch ist in drei Teile gegliedert. Sie können hinten anfangen oder in der Mitte – wie Sie wollen. Aber, wenn ich Ihnen einen Tipp geben darf, am meisten haben Sie davon, wenn Sie es von vorne nach hinten lesen. Die Teile bauen nämlich aufeinander auf.

Im ersten Teil erfahren Sie, was Humor als Erfolgsstrategie für Sie persönlich bedeutet. Wie Ihr ganz eigener, individueller Humor aussieht. Wie Sie Ihren Humor in Ihrem Privatleben anwenden. Und dass Ihr Humor die Reaktionen Ihrer Familie und Freunde auf Sie positiv verändert. Natürlich gibt es viele Beispiele und Übungen, die Sie gefahrlos an sich selbst und an anderen ausprobieren können. Ich verspreche Ihnen, Sie werden staunen. Glücklich staunen.

Im zweiten Teil erleben Sie, wie Humor Ihnen in Ihrem Beruf und bei Ihrer Karriere helfen kann. Wie Sie erfolgreicher werden. Und dass Kollegen, Kunden, Mitarbeiter und Vorgesetzte auf einmal anders mit Ihnen umgehen. Auch hier gibt es Beispiele und Übungen, die Sie sofort umsetzen können.

Im dritten Teil erkennen Sie, wie Humor die Kultur und Kommunikation ganzer Unternehmen verändern kann. Wie aus Mitarbeitern und Führungskräften leistungsstarke, erfolgreiche, kreative Menschen werden. Und dass diese Menschen mit Vergnügen arbeiten und durch ihre Leistung echte Befriedigung finden.

Sie halten das alles für übertrieben? Ich werde es Ihnen beweisen. Lassen Sie sich überraschen!

Viel Spaß wünscht Ihnen

Was **Humor** bewirkt

»Die Fantasie tröstet die Menschen über das hinweg, was sie nicht sein können, und der Humor über das, was sie tatsächlich sind« (Albert Camus). Ich finde diesen Satz einfach wunderbar. In ihm stecken alle Weisheiten, die jemals über Humor geschrieben wurden.

Denn der Humor, den ich meine, der empathische, mitfühlende Humor, betrachtet mit einem lachenden und einem weinenden Auge die Menschen so, wie sie sind. Und dabei kann man, ehrlich gesagt, wirklich nur gleichzeitig lachen und weinen.
Denn wie sind die Menschen? Unvollkommen! In ihrem Streben nach Macht, Schönheit, Stärke, Reichtum – und Vollkommenheit. Sie

Das Komische lebt von der Fallhöhe.

schaffen Großes und sie scheitern. Zwischen diesen Polen bewegt sich der Mensch. Unsere Welt. Sie. Ich. Da liegt die Tragik. Und das Komische. Je nachdem, von welcher Warte aus man es betrachtet. Es gibt nichts Komisches ohne Tragik. Oder anders gesagt: Das Komische lebt von der Fallhöhe.

Wir alle sind also nicht vollkommen. Der humorvolle Mensch weiß das. Deswegen geht er noch ein Stückchen weiter und sagt sich: »Weil ich nicht perfekt sein kann, strebe ich das ab sofort gar nicht mehr an. Im Gegenteil. Ich strebe ab sofort mit aller Kraft meine individuelle Unvollkommenheit an.« Individuelle Unvollkommenheit – das ist der Trick. Die Grundvoraussetzung für jeden humorvollen Menschen, für jede humorvolle Aktion, jeden humorvollen Satz. Wenn man das einmal verstanden hat, wird alles andere leicht. Allerdings, das gebe ich zu, ist es gar nicht so einfach, nicht mehr perfekt sein zu wollen. Sind wir doch so erzogen worden: perfekt sein, keine Fehler machen dürfen. Aber mit diesem Konzept kann man nur scheitern. Stellen Sie sich vor, ein kleines Kind, das gerade laufen lernt, sagt sich beim ersten Hinpurzeln: »Nö, das hat ja gar keinen Zweck. Ich habe einen Fehler gemacht. Das kann ich nicht. Ich lasse es.« Sie verstehen, was ich meine!?

Humor bedeutet also, sich selbst und andere Menschen nicht so tierisch ernst zu nehmen, sondern so zu nehmen, wie sie sind. Dazu gehört allerdings schon ziemlich viel Mut. Mut, die eigenen Illusionen abzulegen. Humor bedeutet, Fehler zu tolerieren, Fehler sogar als Wege zum Ziel zu betrachten. Humor bedeutet, zu wissen, dass der Mensch nach Vollkommenheit strebt, aber sie gleichzeitig nie erreichen kann. Es liegt nicht in seiner Natur. Darüber muss der humorvolle Mensch lachen und weinen. Denn er hat Mitgefühl, mit sich und seinen Mitmenschen.

Der humorvolle Mensch kann deshalb entschieden entspannter und gelassener auf das Treiben um sich herum reagieren. Weil er das Absurde, das Komische der Welt erkennt, hat er außerdem dauernd etwas zu lachen. Damit lebt er schon mal viel gesünder als der, der sich verbissen abrackert. Der humorvolle Mensch sieht dort Zusammenhänge, wo andere gar keine vermuten. Er ist also automatisch kreativ. Er hat eine Menge Spaß. Das merken ihm die anderen an und mögen ihn deshalb. Der humorvolle Mensch kann gut mit anderen Menschen umgehen, er kann motivieren. Sogar sich selbst. Ihm macht das Leben Spaß. Ihm macht sogar seine Arbeit Spaß. So viel Spaß, dass er oft dabei auch noch ziemlich erfolgreich ist.

Deshalb wagt er es, sich so, wie er ist, der Welt zu zeigen. Den humorvollen Menschen erkennt man leicht. Er hat Profil. Er hat eine Meinung. Er hat Haltung. Und damit stellt er sich den Veränderungen und Herausforderungen des Lebens leichter als andere. Wir Menschen neigen ja dazu, uns abzusichern. Gegen alles und jeden. Vor allem aber gegen das Leben. Veränderungen machen Angst. Alles soll so bleiben, wie es ist. Gott sei Dank geht das nicht, sonst würden wir uns nicht entwickeln. Auch in Unternehmen können die Menschen nicht so leicht mit Veränderungen umgehen – der Pförtner nicht und der Topmanager auch nicht. Sie haben die gleichen Befürchtungen. Befürchtungen, dass die Veränderungen negative Auswirkungen haben. Und deswegen wollen Führungskräfte Veränderungen kontrollieren, möglichst schon im Vorfeld; sie nennen das Risikomanagement. Es gibt sogar ganze Worst-Case-Szenarien. Zum Beispiel kann man sich als Fluggesellschaft überlegen, wie man sich für den nächsten Vulkanausbruch des Eyjafjallajökull besser wapp-net (und wie man ihn richtig ausspricht, bevor er ausbricht). Leider lässt sich das Risiko nicht so einfach managen. Sie kennen sicherlich Murphys Gesetz: Was schiefgehen kann, geht auch schief. Nur leider ganz anders als geplant. Haben Sie schon mal geplantes Schiefgehen erlebt? Lachhaft!

Der humorvolle Mensch versucht erst gar nicht, alle Veränderungen und Herausforderungen des Lebens zu kontrollieren. Er weiß, dass das Leben sich ständig ändert. Ja, auch ihm macht das manchmal ein mulmiges Gefühl. Aber da es ja alles nichts nützt, geht er kreativ und flexibel mit Herausforderungen um.

Deshalb ist Humor die Erfolgsstrategie der Zukunft. Humor beruht auf Menschlichkeit und Werten, macht selbstständig und kreativ, schafft Persönlichkeiten und geht mit Veränderungen positiv um. Und ge-nau solche Menschen brauchen unsere Welt und die Wirtschaft.

Wie Humor funktioniert

Wissen Sie, dass ein Kind etwa 200-mal am Tag lacht, ein Erwachse-ner dagegen nur noch ungefähr 15-mal am Tag? Das ist doch traurig, oder? Dabei ist Lachen gesund – psychisch und physisch. Lachen, also die Reaktion auf eine humorvolle Aktion, heilt alte und neue Wunden und die Blessuren des Alltags. Vermeintliche Blamagen und Schwächen erscheinen in einem heiteren Licht. Der humorvolle Mensch ist sogar geneigt, sich selbst zu verzeihen. Wäre es da nicht schön, wenn wir alle nicht nur wieder mehr lachen, sondern auch unsere Mitmenschen zum Lachen bringen würden? Oder wenigstens zum Lächeln und Schmunzeln? Wenn wir nicht nur den Blick auf das Negative richten würden? Stellen Sie sich Abendnachrichten vor, die nur Positives berichten! Und eine tolerante Gesellschaft sieht lächelnd zu und nickt – ich weiß, das ist eine Vision. Aber ich gebe mir alle Mühe, sie wahr werden zu lassen. Sie müssen natürlich mitmachen!

Der Humor unterscheidet uns vom Tier. Das Lachen nicht. Wir teilen es mit einigen Menschenaffen. Probieren Sie es aus: Kitzeln Sie mal einen Orang-Utan oder einen Bonobo, beide werden ähnlich wie wir kichern. Der Delfin »Flipper« dagegen hat garantiert nicht gelacht. Erstens hatten er und seine Leidensgenossen viel zu viel Stress bei den Dreharbeiten. Und zweitens können Delfine gar nicht lachen. Sie sehen nur so aus.

Lachen wirkt befreiend und deeskalierend. Wer lacht, streitet nicht und führt keine Kriege. Lachen ist ansteckend. Und gemeinsames Lachen schafft ein Zusammengehörigkeitsgefühl. Daran sind die Spiegelneuronen in unserem Gehirn schuld. Sie sind dafür verantwortlich, dass wir mit anderen Menschen mitfühlen, mittrauern und mitlachen.

Lachen macht glücklich, denn beim Lachen werden Glückshormone ausgeschüttet. Genau genommen macht Lachen nicht nur glücklich, sondern auch noch schlank. Denn während Sie lachen, essen Sie nichts (das geht ja nicht gleichzeitig), aber Sie verbrauchen Kalorien. Je mehr und je heftiger Sie lachen, desto mehr Kalorien verbrauchen Sie. Und Sie sind dabei auch noch glücklich. Zeigen Sie mir mal die Diät, bei der das klappt!

Wie aber funktioniert nun Humor tatsächlich? Wir wissen natürlich alle, dass es unterschiedliche Arten von Humor gibt. Es gibt den Humor Aristophanes', eines altgriechischen wunderbaren Komödienschreibers. Es gibt den Humor Molières, Shakespeares, Arthur Schnitzlers, Erich Kästners, Kurt Tucholskys. Es gibt Heinz Erhardt und Loriot, Dieter Hildebrandt, Bastian Pastewka, Kaya Yanar, Dieter Nuhr, Bülent Ceylan und Florian Schröder, Oliver Pocher, Mario Barth, Volker Pispers, Georg Schramm, Barbara Schöneberger, Anke Engelke und Oliver Pocher, Mario Barth, Ingo Appelt und Cindy von Marzahn. Dieter Bohlen hat ebenfalls Humor (behauptet er). Diese Auswahl hat (fast) nichts mit meinen Vorlieben oder Abneigungen zu tun. Sie ist natürlich auch nicht vollständig. Es geht darum, die Unterschiede deutlich zu machen. Um es auf den Punkt zu bringen: Es gibt, wie bei allen Dingen in der Welt, auch beim Humor zwei Seiten.

Die dunkle Seite ist höhnisch, spöttisch, sarkastisch und zynisch. Wir alle sind vermutlich schon einmal Opfer einer solchen Attacke geworden. Das kann sehr schmerzhaft sein. Und das ist auch der Sinn und Zweck. Diese Form des Humors ist bewertend, denunzierend, trennend, negativ. Sie ist für mein Anliegen, für die wertschätzende Kommunikation, komplett ungeeignet. Ich mag den denunzierenden Humor einiger Comedians, der immer mehr in Mode zu kommen scheint, überhaupt nicht.

Die helle Seite des Humors kann als Anekdote erscheinen, als Satire, als Parodie, als Sketch oder Witz, ironisch oder einfach als sympathisch-scherzender Small Talk. Diese Art des Humors ist befreiend, konfliktlösend, sozial, bewusstseinserweiternd und entspannend. Sie ist aber durchaus nicht harmlos! Denn Humor verfolgt immer einen Zweck, den Zweck der Veränderung. Deshalb beinhaltet die helle Seite des Humors auch die Provokation und die paradoxe Intervention. Das ist per se nichts Schlechtes, aber es kommt immer darauf an, was man erreichen will. Eine Klientin erzählte mir in der letzten Woche ein gelungenes Beispiel einer Provokation. Vorab: Ich hatte ihr, wie fast allen meinen Klienten, eine rote Clownsnase geschenkt, die sie nun immer bei sich trägt. Sie ist Geschäftsführerin einer Unternehmensberatung und als solche viel unterwegs. Eines Tages überholte sie mit dem uralten Golf ihrer Mutter mehrere Lastwagen. Hinter ihr brauste wild lichthupend ein BMW heran. Er fuhr so dicht auf, dass sie es wirklich mit der Angst zu tun bekam. Allerdings waren ihre Möglichkeiten zur Gegenwehr äußerst beschränkt. Sie setzte sich also besagte rote Nase auf, wechselte auf die rechte Seite und schaute stoisch, ohne jede Gemütsbewegung den vorbeifahrenden Drängler an. Der war, nach ihren Aussagen, zuerst komplett fassungslos und dann ziemlich sauer. Er fühlte sich in seiner Männlichkeit und Dominanz völlig veräppelt. Und das sollte er auch! Vielleicht drängelt er jetzt eine Weile nicht mehr. *Mann* kann ja nie wissen, wo die nächste rote Nase lauert.

Paradoxe Interventionen kommen aus dem Umfeld der Psychologie und Psychotherapie. Sie haben dort großen Erfolg, wo sich Menschen mit einer Veränderung schwertun, obwohl sie sie wünschen.

Kurz gesagt, wenn für eine Veränderung ein neues Verhalten notwendig ist, so wird das alte Verhaltensmuster als das einzig Wahre verschrieben, sogar in stärkerer Dosis: Machen Sie weiter so! Aber nehmen Sie noch viel mehr davon!

Noch ein Beispiel aus meinem Coaching-Alltag: Ein Klient kam zu mir, um seine Vortragstechniken zu verbessern. Ein kluger Kopf mit hoher Eloquenz. Leider mit schrecklicher Angst vor öffentlichen Reden. Diese Angst haben übrigens ganz viele Menschen und meistens ist sie unbegründet und irrational. Aber äußerst präsent und sehr unangenehm. Alle meine Überzeugungsversuche und Ermutigungen waren für die Katz. Die Angst war größer. Da half nur noch eine paradoxe Intervention. Als mein Klient das nächste Mal beim Coaching mit seiner Rede begann, schlüpfte ich in seine Ängste und verlieh ihnen zitternd und lamentierend Wort und Gestalt: »Nee, was habe ich denn da gesagt? Das ist doch kompletter Quatsch. Oh, jetzt hat einer gemerkt, dass ich überhaupt keine Ahnung vom Thema habe. Ich kann nichts. Ich weiß nichts. Ich bin nichts. Ich will hier weg.« Und so weiter und so weiter. Mein Klient musste so lachen, dass er seine Befürchtungen vergaß und seine Rede von Anfang bis Ende hielt. Erst kichernd, dann grinsend und dann lächelnd in Erinnerung an alle seine Ängste, die wir Egon, Waldemar und Diederich nannten. Was ihn, als er die Rede dann tatsächlich vor Publikum halten musste, ausgesprochen sympathisch auf seine Zuhörer wirken ließ. Er dachte einfach an Egon, Waldemar und Diederich.

Paradoxe Interventionen sind in Familien, Beziehungen und Unternehmen wirksam. Überall dort, wo die Angst vor Veränderung die gewünschte Veränderung verhindert. Humor verändert also die eigene Wahrnehmung von sich und der Welt. Denn mit Humor wächst zusammen, was eigentlich nicht zusammengehört. Kinder entdecken oft Zusammenhänge in ihrer Welt, über die wir lachen, weil sie uns unlogisch anmuten. Für Kinder sind sie das allerdings nicht.

»Wenn ich Milch warm machen will, muss ich dann die Kuh
auf die Herdplatte stellen?«

*Der Lehrer erklärt im Chemieunterricht: »Im Jahre 1771 hat der
schwedische Chemiker Scheele den Sauerstoff entdeckt.«
Michael fragt überrascht: »Was haben die Menschen denn vorher
geatmet?«*

*Eine Mutter fragt ihr Kind: »Wo hast du denn dein Zeugnis?«
Das Kind antwortet: »Das habe ich Petra mitgegeben. Sie will damit
ihre Eltern erschrecken!«*

Uns Erwachsenen geht im Laufe des Lebens die eher unschuldige
Betrachtung der Welt verloren. Und das hat folgende Gründe: Als
Kinder sind wir noch ohne Wissen über gesellschaftliche Normen
und Zwänge. Wir wollen Aufmerksamkeit und sofortige Bedürfnisbefriedigung. Und wir entwickeln sehr di-
rekte Strategien, um das zu erreichen, was
wir wollen. Mütter, deren Kids sich re-
gelmäßig an Supermarktkassen schreiend
auf den Boden werfen, um den Lolli doch

**Humor verändert die
Wahrnehmung von
sich und der Welt.**

noch zu bekommen, können ein Lied davon singen. Irgendwann
werden wir erwachsen. Spätestens dann haben wir gelernt, dass diese Art der Bedürfnisbefriedigung unter Erwachsenen nicht wohlge-
litten ist. Wir lernen, dass die gesellschaftlichen Normen sofortige
Bedürfnisbefriedigung sanktionieren. Nun lassen wir es nicht etwa,
nein, wir fangen es nur geschickter an. Denn wir haben erkannt, dass
wir das, was wir wollen, am besten durch Anpassung erreichen. Wir
zeigen nicht mehr offen unsere Wünsche und Bedürfnisse, sondern
lernen uns zu schützen, unser Inneres vor der Welt zu verstecken
und unsere natürliche Fantasie, Kreativität, Individualität, unseren
Witz und Humor tief in uns zu vergraben. Denn diese Eigenschaften
gelten immer noch als anarchisch, ungehorsam und disziplinlos. Und
das zu Recht! Denn jemand mit Fantasie und Humor ist nicht so einfach zu kontrollieren. Menschen mit Humor haben tatsächlich etwas
Schräges. Ich weiß, wovon ich rede. Dass Humor allerdings die Leistungsfähigkeit minimiere, ist eine gezielte Lüge. Ganz im Gegenteil,
humorvolle Menschen sind ausgesprochen leistungsfähig, sie haben
Fantasie, sind kreativ und haben Spaß an ihrer Leistung.

In der Schule, in der Ausbildung, privat und beruflich versucht man also, uns diese Eigenschaften auszutreiben. Bei einigen gelingt das. Was schade ist, weil es die Entwicklung so dringend benötigter menschlicher Potenziale für unsere Gesellschaft verhindert.

Wenn Erwachsene ihren Humor wiederentdecken und wiedererwecken, dann ist das ein bewusster, ein intelligenter Akt. Er sieht dort Zusammenhänge, wo der angepasste Mensch sich nicht mehr traut, sie zu sehen. Der Erwachsene verbindet die Kinderstrategie, die kindliche Neugier mit seinen erwachsenen Fähigkeiten: Beobachtungsgabe, Intelligenz, Sprachwitz, Erfahrung, Wissen. So sieht er Humorvolles. So entsteht Humor.

Was passiert, wenn der Humor sich noch im Tiefschlaf befindet, zeigt ein Beispiel aus meinem Beruf als Unternehmenskabarettistin: Eines Tages hatte das Management eines Krankenhauses folgende Anfrage. Sie hätten in einem sehr langen Veränderungsprozess ihre Ziele neu definiert und bäten mich, als Kabarettistin diese Ziele auf einer Veranstaltung zu präsentieren. Auf meine Frage, um welche Ziele es sich handele, antworteten sie, das Pflegepersonal hätte beschlossen, ab sofort freundlich und mitfühlend mit seinen Patienten umzugehen. Ehrlich! Das ist schon zwei, drei Jahre her, aber ich könnte mich immer noch schlapp lachen.

Das Fach »Humor« sollte in der Schule gelehrt werden; das wäre für uns alle gut.

Menschen mit Humor sind intelligent. Die geistige Leistungsfähigkeit steigert sich. Und das nicht nur, wenn man humorvoll agiert, sondern auch, wenn man Humorvolles rezipiert, also empfängt. Es setzt zuerst das Verstehen von Zusammenhängen voraus. Dann die Fähigkeit zur Empathie, also die Fähigkeit mitzufühlen. Und, last but not least, die Fähigkeit, das Nichtzusammenpassen bestimmter Zusammenhänge, also Inkongruenzen und Unlogik, zu begreifen. Ganz schön hohe Anforderungen, oder?

»Was ist der Unterschied zwischen Ignoranz und Apathie?« –
»Weiß ich nicht und es ist mir auch egal.«

Humor bewegt sich immer zwischen Lachen und Weinen, Wahrheit und Schmerz, Weisheit und Mitgefühl, Individuum und Welt, Gewinnen und Verlieren, Streben und Scheitern. Nichts Menschliches ist ihm fremd. Es gibt übrigens nur sehr wenige Götter der Antike, die Humor hatten. Der androgyne Gott Dionysos gehörte dazu, bevor man ihn zum Gott des Weins und des Theaters banalisierte. Danach war er nur noch betrunken. Und Betrunkene haben oft große Schwierigkeiten, einen Witz zu verstehen.

Themen, die die Menschen stark bewegen, haben ein hohes Humorpotenzial, wie etwa das ewige Beziehungsthema, Sex oder das Altern.

Es klingelt an der Tür. Jopi Heesters, der nicht mehr gut sieht,
erkennt nur einen Schatten und fragt: »Wer sind Sie?
Zu wem wollen Sie?« Der Schatten antwortet: »Ich bin der Tod.«
Jopi ruft in die Wohnung: »Simone! Besuch für dich!«

Das Lachen über Dinge, die man fürchtet, befreit. Schon deswegen ist der Humor als Konzept heutzutage so notwendig. Wir leben in einer Zeit, in der eine Krise die anderen ablöst. Furcht würde lähmen, aber das Lachen schafft Distanz und genügend Kreativität, um zu neuen Lösungen zu gelangen.

Und weshalb empfinden wir etwas als komisch? Humor ist abhängig von der Realität und der Biografie desjenigen, der etwas Humorvolles tut, oder desjenigen, der etwas Humorvolles empfängt. Nicht jeder empfindet das Gleiche **Humor ist individuell.** als komisch. Humor ist individuell.

Eins aber gilt für alle Spielarten: Humor lebt immer von der Fallhöhe, das heißt, Erwartungen wird auf die eine oder andere Art nicht entsprochen. Sie können zum Beispiel überhöht, übertrieben, untertrieben, gekreuzt, konterkariert, karikiert, verzerrt, banalisiert, lächerlich, ver-rückt werden. So funktioniert zum Beispiel die Komik von Hape Kerkeling. Er karikiert das Normale bis ins Kenntliche. Und so funktioniert die Komik des Gagaisten Helge »Katzenklo« Schneider, der banalste Realität anarchisch überhöht.

Zu guter Letzt, bevor wir uns dem angewandten Humor im Privatleben, der Karriere und in Unternehmen widmen, möchte ich Sie bitten, sich mit den folgenden Fragen zu beschäftigen. Sie werden Ihnen Aufschluss über Ihr eigenes momentanes Humorpotenzial geben.

- Haben Sie in der letzten Woche mindestens zweimal über sich selbst gelacht?
- Finden Sie an sich mehrere Charakterzüge oder Ticks oder Macken liebenswert komisch?
- Mögen Sie sich auch mit den meisten Ihrer Schwächen?
- Können Sie in Erinnerung an Scheitern und Blamagen über sich selbst lachen?
- Sehen Sie in Ihrem Alltag viele komische Situationen?
- Können Sie über die Schwächen und Macken Ihrer Mitmenschen liebevoll lachen?
- Macht es Ihnen etwas aus, wenn man über Sie lacht?
- Sind Sie neugierig auf Menschen?
- Finden Sie das, was in unserer Welt geschieht, manchmal komisch oder sogar tragikomisch?
- Glauben Sie trotz aller Gegenbeweise an das Gute im Menschen?

Und? Nein, ich will es gar nicht wissen. Das ist Ihre Privatsache. Allerdings sollten Sie sich, bevor sich Ihr Leben für immer humorvoll ändert, um die Grundausstattung kümmern. Und die besteht aus einer roten Clownsnase.

Bitte kaufen Sie sich ein paar Eier im Eierkarton. Was Sie mit den Eiern machen, interessiert mich nicht. Aus dem Karton aber schneiden Sie ein »Töpfchen« heraus und malen es rot an. Befestigen Sie an beiden Enden einen Hutgummi, den Sie Ihrer Kopfgröße angepasst haben. Gratulation! Nun haben Sie schon einmal das passende Outfit für alle komischen Lebenslagen.

PS: Sie können natürlich auch einfach eine rote Clownsnase kaufen.

1. HUMOR
verändert Sie

**Humor als Erfolgsstrategie
im Privatleben**

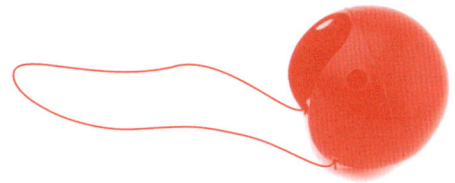

I ch stelle mir gerade vor, wie Sie dieses Buch in Händen halten, die rote Nase aus Eierkarton aufgesetzt haben und nun endlich wissen wollen, wie Humor Ihr Privatleben positiv verändern kann. Humor ist eine Erfolgsstrategie. Sie müssen sich nur trauen, sie anzuwenden. Mut gehört dazu. Hier kommt Ihre allererste Humorübung.

Übung 1

Setzen Sie die rote Nase ab sofort mehrmals am Tag auf. Zuerst einmal, wenn Sie alleine sind. Schauen Sie in den Spiegel und lächeln Sie sich an. Sie können auch verrückte Grimassen ziehen. Wenn Sie anfangen zu lächeln, zu schmunzeln oder zu lachen, wissen Sie, wie Humor funktioniert. Humor ist ansteckend!

Tragen Sie die rote Nase möglichst immer bei sich! Ich tue es auch! Wenn Sie sich ärgern, können Sie sie kurz berühren, ohne dass es jemand merkt. Das hilft ungemein. Wenn Sie zum Beispiel eine Verkäuferin unfreundlich abfertigt, denken Sie einfach: »Wenn du wüsstest, dass ich kurz davor bin, mir eine rote Clownsnase aufzusetzen. Dein Gesicht möchte ich sehen. Wer zuletzt lacht, lacht am besten.«

Das ist der erste Schritt. Bekanntlich beginnt jeder Weg mit dem ersten Schritt. Diesen Weg gehen wir gemeinsam. Während Sie lesen und die Tipps und Übungen ausprobieren, bin ich als Humorgeist ständig anwesend. Als Humorgeist im weißen Gewand mit roter Nase, versteht sich, der durch Ihr Privatleben weht.

Jeweils am Ende der drei großen Teile dieses Buches habe ich für Sie Platz reserviert. Hier können Sie rekapitulieren, wie Sie sich fühlten, als Sie Humor in Ihrem Privatleben angewandt haben. Welche Übungen Sie umgesetzt haben. Wie Ihre Mitmenschen auf Sie reagierten. Bei welcher Gelegenheit Sie mit Humor Erfolg hatten. Wann Sie sich stark fühlten.

Manchmal kann man nicht ändern, dass die Nachbarin zickig ist, der Kollege missgünstig und der Vorgesetzte cholerisch. Manchmal kann man sich nicht vor einer schlechten Erfahrung schützen. Manchmal muss man einen Schicksalsschlag hinnehmen. Aber Sie können ändern, wie Sie sich fühlen. Sie können ändern, wie Sie damit umgehen. Und nun kommt die Übung Nummer 2.

Übung 2

Setzen Sie sich Ihre rote Nase auf (es geht auch zur Not ohne rote Nase), reichen Sie sich die Hand, schütteln Sie sie und gratulieren Sie sich selbst aus voller Überzeugung dazu, dass Sie es so gut bis jetzt geschafft haben! Es muss gut gewesen sein, sonst hätten Sie dieses Buch nicht bis hierhin gelesen.

Und nun geben Sie sich noch mal die Hand darauf, dass Sie ab sofort Ihr Leben mit mehr Leichtigkeit, mehr Spaß, mehr Kreativität, mehr Freude, mehr Selbstvertrauen, mehr Erfolg – eben mit mehr Humor leben.

Sie haben soeben einen ernst zu nehmenden Vertrag mit sich selbst geschlossen. Glückwunsch!

Humor macht Spaß

Das Leben humorvoller zu betrachten bzw. Humorvolles im Leben zu betrachten, macht zuallererst einfach Spaß. Wenn Sie sich einmal dazu entschieden haben, werden Sie sofort mehr lachen. Wer lacht, hat mehr Freude im Leben. Freude und Lachen vermehren sich automatisch. Je mehr Sie lachen und sich freuen, desto mehr wollen Sie von diesem Gefühl haben. So werden Sie immer aktiver, um auf Lustiges, Komisches, Witziges in Ihrem Leben zu stoßen. Sie werden regelrecht danach graben. Und überall die Goldklümpchen des Humors finden.

Als Erstes sollten Sie sich vornehmen, in Ihrer unmittelbaren Umgebung, also zuhause, bei Freunden, bei der Arbeit, nach Situationen zu suchen, die komisch sind. Am Anfang fällt das noch ein bisschen schwer. Sie sind es ja nicht gewohnt. Fangen Sie einfach an. Es wird immer leichter. Glauben Sie mir, im Alltag wimmelt es nur so vor freiwilliger und unfreiwilliger Komik.

Ich habe zwei Semester in München studiert, bin aber dann nach Berlin gewechselt. Als ich beim Bäcker Semmeln bestellte, fragte mich die Verkäuferin: »Wie viel Gramm woll'n Se denn, junget Fräulein?« Der Begriff »Schrippe« für Brötchen war mir damals noch nicht geläufig.

Einer Bekannten gehört eine florierende Studentenkneipe. Eines Tages kaufte sie auf dem Markt eine Stiege Tomaten und wollte diese in ihre Kneipe tragen. Allerdings gelang es ihr nicht, die Straße zu überqueren. Die Bordsteinkanten waren so zugeparkt, dass sie mit ihrer Stiege nicht zwischen den Autos durchkam. Entnervt trat meine Freundin gegen den Reifen eines parkenden Autos. Sofort schoss die aufgebrachte Besitzerin um ihr Auto herum und beschimpfte sie aufs Heftigste. Meine Freundin wiederum sah es gar nicht ein, sich zu entschuldigen, und warf der Autofahrerin Ignoranz und Rücksichtslosigkeit vor, mit beiden Händen immer noch die Stiege Tomaten festhaltend. Plötzlich hatte die Dame den Wortwechsel satt, nahm eine Tomate, zerdrückte sie auf dem Kopf meiner Bekannten und ging. Bitte stellen Sie sich das vor: eine Frau, völlig sprachlos, die Hände wie festgetackert an einer Tomatenstiege, auf dem Kopf eine ebensolche, die ihr auf die Brille tropft. Wenn ich daran denke, könnte ich mich jedes Mal ausschütten vor Lachen.

Unvergessen auch der sprachliche Lapsus eines Freundes. Er wollte seine Frau einfach nur bitten, ihm einen Waschlappen zu reichen. Und damit fing das Drama an. Ihm fiel nämlich das Wort für Waschlappen nicht ein. Es war weg. Vollständig aus seinem Gehirn verschwunden. Als wäre es nie da gewesen. Mit Händen Füßen und seltsamsten Beschreibungen versuchte nun mein Freund seiner Frau zu erklären, was er wollte. Die amüsierte sich über die vergeblichen Versuche köstlich, verstand aber partout nicht, was er wollte. Verzweifelt, mit Seife in den Augen, wütend auf sein sich vor Lachen krümmendes Ehegespons und seine Unfähigkeit, stieß er hervor: »Nun gib mir doch endlich den Haschpappel!« Wunderbar, oder?

Suchen Sie Komik in Ihrem Leben, dann wird die Komik Sie finden.

Übung 3

Legen Sie ein Buch oder eine Datei an, das bzw. die Sie »Mein Humortagebuch« nennen. Dort schreiben Sie alle komischen Situationen, die Ihnen im Alltag begegnen, hinein. Sie werden bald eine stattliche Sammlung von Anekdoten besitzen, die Sie jederzeit bei einer Unterhaltung zum Besten geben können. Die Menschen um Sie herum werden Ihr Kommunikationstalent bewundern.

Sie können sich natürlich auch eine Witzesammlung anlegen. Just for fun. Gute Witze kann man immer gebrauchen.

Hier mein absoluter Lieblingswitz. Ich erzähle ihn auf allen Veranstaltungen. Achtung: Frauen mögen den Witz lieber als Männer!

Eine Frau kommt völlig begeistert von ihrer neuen Gynäkologin nach Hause. Sie erzählt ihrem Mann im Tonfalle echter Euphorie: »Also, die neue Gynäkologin ist so toll. Sie hat gesagt, ich hätte eine Haut wie eine 30-Jährige, ein Dekolleté wie eine 30-Jährige, Oberschenkel wie eine 30-Jährige …« Ihr Mann schaut von der Zeitung auf: »Und was hat sie über deinen 50-jährigen Arsch gesagt?« Seine Frau irritiert: »Wieso? Über dich haben wir gar nicht gesprochen.«

Ich würde diesen Witz jetzt vielleicht nicht in einem Meeting erzählen, bei dem die Mehrzahl der Anwesenden Männer sind. Meiner Erfahrung nach amüsieren sich Frauen aber köstlich darüber.

Auch Binsenweisheiten oder Sprichwörter eignen sich für eine Sammlung.

Der Krug geht so lange zum Brunnen, bis er bricht.

Der Apfel fällt nicht weit vom Stamm.

Früher Vogel fängt den Wurm.

Man soll den Tag nicht vor dem Abend loben.

Sehr schön sind auch Nonsenssprüche.

Liegt der Bauer tot im Zimmer, lebt er nimmer.
Liegt die Bäuerin tot daneben, ist auch sie nicht mehr am Leben.
(Ich kann nichts dafür. Der Spruch kommt aus der Rhön.)

Das Reh springt hoch, das Reh springt weit. Warum auch nicht.
Es hat ja Zeit. (Heinz Erhardt)

Nur die Harten kommen in den Garten.

Es hilft ungemein, sich Comedians und Kabarettisten anzuschauen und die Pointen und Bonmots aufzuschreiben.

Sollten Sie sich nun fragen, wann Sie bei diesem Humorpensum noch Zeit haben zu arbeiten, kann ich Sie beruhigen. Der Humor wird Sie nur so anfliegen. Besonders im Beruf – dort verbringen wir den Hauptteil unserer Zeit. Da Sie die Entscheidung getroffen haben, sich auf Humorvolles zu konzentrieren, müssen Sie eigentlich nur noch ernten.

Nun zur nächsten Übung.

Übung 4

Verknüpfen Sie alle möglichen Sprüche miteinander, und das möglichst sinnfrei. Sollte einmal eine Party oder ein Familientreffen nicht in Schwung kommen, schlagen Sie einfach dieses Spiel vor. So entstehen wundervolle Sätze wie:

Man soll den Vogel nicht vor dem Abend loben.

Der Apfel fällt nicht weit vom Wurm.

Ich hab schon Krüge kotzen sehen ... vor dem Brunnen.

Wenn man sich erst einmal solche Kombinationen gestattet hat, fällt es immer leichter. Und der Sinn dahinter? Sie lernen erstens wieder, etwas zu tun, weil es Spaß macht. Einfach so, wie als Kind. Und außerdem regen diese Übungen Ihre Gehirnzellen an, Verbindungen zu schaffen, die Sie nicht gewohnt sind. Sie erhöhen Ihre Denkgeschwindigkeit und Ihre Fähigkeit zu assoziieren. Beides brauchen Sie unbedingt für die anderen Übungen in diesem Buch.

Übrigens, Ihr Humorpotenzial ist sehr weit fortgeschritten, wenn Sie sich trauen, die oben stehenden Kombinationen mit bierernstem Gesicht in eine Unterhaltung einfließen zu lassen. Wenn Sie das für noch zu schwer halten, ist das kein Problem. Erweitern Sie zunächst einmal Ihr Humorpotenzial mit und an Freunden, Familie oder Kollegen. Suchen Sie sich jemanden in Ihrer Umgebung, bei dem Sie vermuten, dass er einen ähnlichen Humor hat wie Sie und Ihre Übungen nicht als »Quatsch« abtut. Wer neue Wege geht, muss leider immer damit rechnen, entmutigt zu werden. Veränderungen ängstigen die meisten Menschen, das Risiko scheint ihnen zu groß. Aber Sie haben Mut bewiesen und sich an das gefährliche Thema Humor (das ist ein Witz!) gewagt. Sie müssen ja Ihren Mut nicht sofort wieder einem Härtetest unterwerfen. Dafür kommt schon noch die richtige Zeit.

Jetzt kommen erst einmal zwei Spiele. Das erste heißt »Ja, genau«.

Übung 5

Jetzt geht es darum, alles, was gefragt wird, zu bejahen. Der Humorvolle bejaht das Leben so, wie es ist, und nicht so, wie er es gerne hätte. Sie stellen sich also einander gegenüber, einer fängt an zu fragen. Zum Beispiel:

»Du hast eine sehr schöne Jacke an. Sie sieht aus, als sei sie aus dem Fell eines Wolpertingers*.«

Der Partner antwortet: »Ja, genau.«

Wahlweise: »Ja, genau, aus dem Fell eines Wolpertingers.«

»Hast du den Wolpertinger selbst geschossen?«

---

* Fabelwesen, Kreuzung aus Wolf und Reh. Die intelligenten können auch sprechen. Kommt in Bayern und Zamonien vor (siehe »Rumo & die Wunder im Dunkeln« von Walter Moers, 2004).

»Ja, genau, ich habe ihn selbst geschossen.«

»Sind Wolpertinger nicht sehr gefährlich?«

»Ja, genau, Wolpertinger sind sehr gefährlich.«

Und so weiter, und so weiter.

Dann wechseln Sie bitte. Es liest sich vermutlich ganz einfach, ist aber recht schwer. Wir sind es nämlich nicht gewohnt, Dinge zu bejahen; normalerweise reagieren wir mit »Nein« oder »Nein, aber ...«. Ablehnen fällt leichter als Annehmen. Wenn wir etwas annehmen, müssen wir uns damit beschäftigen. Letztlich bedeutet jede Annahme, einer Veränderung zuzustimmen.

Um das Spiel weiter voranzutreiben, kann der Antwortende in einem zweiten Durchgang noch etwas hinzuerfinden, also:

»Du hast eine sehr schöne Jacke an. Es sieht aus, als sei sie aus dem Fell eines Wolpertingers.«

Der Partner antwortet: »Ja, genau, aus dem Fell eines Wolpertingers. Er war schwarz-rot gefleckt. Sehr schönes Tier.«

»Hast du ihn selbst geschossen?

»Ja, genau, das habe ich. Mit einer Armbrust.«

»Sind Wolpertinger nicht sehr gefährlich?«

»Ja, genau, Wolpertinger sind sehr gefährlich. Und dieser war der gefährlichste überhaupt. Er stammt aus der Nähe von München, trank Bier und sprach bayrisch.«

Und so weiter, und so weiter.

Mit dem nächsten Spiel erhöhen wir das Tempo und die Anforderung an Ihr Humorpotenzial und das Ihres Humorpartners.

Übung 6

Der Antwortende aus Übung 5 erfindet jetzt wieder neue Details dazu. Auf die muss der Fragende eingehen.

»Du hast eine sehr schöne Jacke an. Es sieht aus, als sei sie aus dem Fell eines Wolpertingers.«

Der Partner antwortet: »Ja, genau, aus dem Fell eines Wolpertingers. Er war schwarz-rot gefleckt. Sehr schönes Tier.«

»Ein schwarz-rot gefleckter Wolpertinger? Sind die nicht sehr selten? Und stehen die nicht unter Artenschutz?«

»Ja, genau, sie stehen unter Artenschutz. Allerdings nur in Wolperting-City. In Bayern entwickeln sie sich zu Problem-Wolpertingern und sind zum Abschuss freigegeben.«

»Oh, man hört ja immer wieder, dass die Menschen in Bayern so viele Probleme mit Tieren haben. Haben Sie denn den Wolpertinger selbst erschossen. Oder Herr Seehofer?«

Und so weiter, und so weiter.

Das ist Gesprächsführung auf hohem Humorniveau. Einzelne Themenbereiche, die streng logisch nicht zusammengehören, werden verbunden und erzeugen Komik. Diese Übungen stärken Ihr Kreativitätspotenzial erheblich. Sollte der eine oder andere nun denken, die Autorin wolle schwer arbeitende Menschen mit Kindergartenquatsch veräppeln, muss ich das weit von mir weisen. Ich bin ebenfalls ein schwer arbeitender Mensch.

Humor ist eine sehr ernsthafte Angelegenheit.

Wie die nächsten Übungen beweisen, ist Humor eine ernsthafte Angelegenheit. Denn nun kommen wir zur höheren Weihe für »Humoriker«. Dass Sie komische Situationen wahrnehmen und darüber lachen können, haben Sie bewiesen. Aber können Sie auch über sich selbst lachen? Über Ihre vermeintlichen Mängel und Schwächen?

Ein Grund dafür, dass Menschen schlecht über sich selbst lachen können, ist, dass sie sich schämen. Wir leben in einer Welt, in der wir angeblich alle perfekt sein müssen, um etwas zu erreichen, ja, um überhaupt halbwegs gut leben zu können. Wer nicht supergut aussieht, reich ist, Erfolg hat, wird nicht respektiert. Man lacht über ihn und er hat auch noch selbst Schuld daran. Das fürchten die meisten Menschen. Männer übrigens mehr als Frauen. Männer haben ganz besonders gelernt, dass sie sich nicht lächerlich machen dürfen. Sie würden sonst Gefahr laufen, nicht ernst genommen zu werden. Das wiederum bedeutet unter Männern Gesichts- und Statusverlust. Frauen ist es gesellschaftlich eher gestattet, außerhalb dieses Korsetts zu agieren und sich auch einmal »lächerlich« zu machen.

Das Perfektionismusgebot ist menschenverachtender Blödsinn. Es grenzt fast alle aus und zwingt viele von uns in die totale Überforderung. Hören Sie einfach auf, dieses Märchen zu glauben. Und fragen Sie sich, wer etwas davon hat, dass Sie sich für defizitär halten. Es gibt die unterschiedlichsten Wirtschaftszweige, die sehr gut davon leben, dass wir uns in unserer Seele und unserer Haut nicht wohlfühlen.

Sie fangen jetzt an, Ihre Mängel und Schwächen als Anlass zu nehmen, herzhaft über sich zu lachen.

Übung 7

Schreiben Sie alles auf, was Ihnen nicht an sich gefällt – zum Beispiel an Ihrem Aussehen, an Ihren Fähigkeiten, an Ihrem Beruf! Was Sie wollen. Private Lebensumstände funktionieren auch sehr gut. Lesen Sie sich Ihre Schwächen laut und traurig vor. Schluchzen Sie ein paarmal übertrieben dabei und bemitleiden Sie sich, nach dem Motto »Oh, wie bin ich faul, ich will nicht joggen. Eines Tages werde ich platzen« – natürlich mit entsprechender schauspielerischer Übertreibung.

Wie fühlen Sie sich jetzt? Mussten Sie anfangen zu lachen? Wunderbar! Aber es geht noch besser.

Übung 8

Tanzen Sie Ihre Fehler und Schwächen zu einem fetzigen Rock 'n' Roll, zu Sambarhythmen oder als Cha-Cha-Cha! Zählen Sie dabei singend Ihre Defizite auf und drehen Sie Pirouetten dabei! Versuchen Sie es. Nach dem Motto »Ich bin zu dick, cha-cha-cha«. Wenn Sie können, rappen Sie! »Jo, man, ich hab keinen Porsche, yeah, ich habe keine Frau (Mann), ich bin der Mann (Frau), der (die) gar nichts kann.« Glauben Sie mir, das bringt Sie in Schwung.

Und nun das Sahnehäubchen der Selbstmotivation. Wir versuchen einige unserer Schwächen, Mängel, Fehler als Ursprung unserer Persönlichkeit, als Quelle unserer Existenz zu sehen.

Ich habe lange Zeit versucht, meine Fantasie in geordnete Bahnen zu lenken. Sie zu kontrollieren. Nicht so deutlich zu zeigen. In der Schule hielten mich die Lehrer für unaufmerksam, gelangweilt, frech, ja einige sogar für gestört. Meinen Eltern wurde nahegelegt, mich nicht aufs Gymnasium zu schicken, ich hätte – wortwörtlich – zu viel Fantasie! Man prophezeite mir, eine Lebensversagerin zu werden, wenn ich mich nicht anpasse, mich nicht dem Ernst des Lebens angemessen verhalten würde. Mit zehn Jahren! Ich bin heilfroh, dass damals Kindern keine Medikamente verabreicht wurden, um sie ruhigzustellen. Seitdem ich mich mit Humor beschäftige, weiß ich, dass diese Fantasie die Quelle meiner Kreativität und meines Humors ist. Und finde es wunderbar.

In den meisten Fällen übernehmen wir die Urteile anderer über uns. Aber niemand sagt uns, ob die wirklich stimmen. Sie entscheiden, ob Sie das, was andere als Schwäche bezeichnen, für sich selbst als Schwäche sehen. Es ist Ihre Entscheidung, Ihr Leben und Ihr Humor.

Übung 9

Schreiben Sie hinter jede Schwäche, warum gerade diese Schwäche eigentlich eine Stärke ist. Lesen Sie Ihre Begründungen nun laut vor. Sie können sie auch singen oder tanzen. So lange, bis Sie gute Laune bekommen und sich selbst glauben.

Mit mir stimmt etwas nicht: Ich kann nicht mit Exceldateien umgehen. – Natürlich nicht, ich bin ja keine Buchhalterin, sondern der kreative Typ.

Mit mir stimmt etwas nicht: Ich habe immer noch nicht meine erste Million gemacht. Bill Gates war in meinem Alter schon Milliardär. – Erstens macht es keinen Sinn, den PC noch mal zu erfinden. Zweitens bin ich viel lieber mit meiner Familie und meinen Freunden zusammen.

Mit mir stimmt etwas nicht: Ich möchte gerne Karriere machen und Geld verdienen. Das ist doch total egoistisch. – Nein, das ist sehr klug von mir. Ich habe nämlich das Zeug dazu und mich interessiert mein Beruf sehr.

Solche Glaubenssätze bestimmen unser Leben. Manche sind in den Anfängen unserer Biografie entstanden. Es ist sehr schwer, sie loszulassen. Manche haben sich später erst entwickelt und sind gesellschaftlich gerade en vogue. Warum sind zum Beispiel in Deutschland berufstätige Frauen »Rabenmütter« (Verleumdung! Raben sind ganz ausgezeichnete Mütter), während es weder das Wort noch die Einstellung in Frankreich gibt?

Humor unterstützt Sie dabei, sich von diesen Glaubenssätzen zu lösen. Sie können sie mit einem nachsichtigen, wissenden Lächeln kommentieren. Sogar sich selbst, wenn Sie doch wieder auf sie reinfallen. Außerdem macht es einen Riesenspaß, all den Schwächen, Mängeln, Defiziten, Unfähigkeiten, die ein ständig schlechtes Gewissen verursachen, eine rote Nase zu drehen und sie einfach positiv umzudeuten.

Wer über Glaubenssätze lacht, den beherrschen sie nicht.

Humor macht eben Spaß. Er hat auch gar keine andere Chance. Beim Lachen werden nämlich Glückshormone ausgeschüttet.

Humor ist intelligent

Humor zu erschaffen und Humorvolles zu begreifen sind intelligente Vorgänge, wie wir schon gesehen haben. Humor erhöht die Denkgeschwindigkeit dadurch, dass wir Sachverhalte, die streng logisch nicht zueinanderpassen, in Verbindung setzten. Humor trainiert unser Gedächtnis. Und das sehr schnell. Wir müssen nämlich auf unseren Gedächtnisspeicher zurückgreifen, um Humorvolles zu kreieren oder zu rezipieren. Humor bedeutet nicht, das Rad neu zu erfinden, sondern Altbekanntes neu zu kombinieren. Daraus ergibt sich: Je mehr Sie wissen, umso mehr können Sie kombinieren. Für diese Gedächtnisfähigkeit ist die Verarbeitungsgeschwindigkeit im Kurzzeitgedächtnis maßgeblich. Und das kann man mit Humorübungen trainieren.

Humorvolle Menschen sind intelligent.

Hand aufs Herz: Haben Sie Humor? Die richtige Antwort lautet: Selbstverständlich! Was zu beweisen wäre. Fangen wir gleich an!

Übung 10

Heben Sie bitte beide Hände an und legen Sie jeweils die Zeigefinger auf die Daumen. Klappt? Wunderbar! Nun berühren Sie bei beiden Händen gleichzeitig mit den Mittelfingern die Daumen, dann mit den Ringfingern und dann mit den kleinen Fingern. Nun gehen Sie wieder zurück, also Ringfinger auf Daumen, Mittelfinger und Zeigefinger.

Das ist nicht so schwer, oder? Jetzt erhöhen wir den Schwierigkeitsgrad.

Übung 11

Heben Sie bitte wieder beide Hände an. Rechts legen Sie den Zeigefinger auf den Daumen, wie gehabt. Links legen Sie den kleinen Finger auf den Daumen. Sie ahnen es schon. Die Finger berühren nun nacheinander in gegensätzlicher Reihenfolge die Daumen, also:
links: Daumen und kleiner Finger – rechts: Daumen und Zeigefinger

links: Daumen und Ringfinger – rechts: Daumen und Mittelfinger
links: Daumen und Mittelfinger – rechts: Daumen und Ringfinger
links: Daumen und Zeigefinger – rechts: Daumen und kleiner Finger

Geschafft! Sollten Sie jetzt auf einmal das Gefühl haben, 14 Finger zu besitzen, lassen Sie sich nicht irritieren. Nicht aufgeben! Weiter üben! Solange Sie diese Übung nicht automatisch beherrschen, arbeitet Ihr Gehirn auf Hochtouren. Es versucht, die rechte und linke Gehirnhälfte zu synchronisieren. Wenn Sie die Übung ohne hinzuschauen durchführen können, hat Ihr Gehirn sie (die Übung natürlich) als »bekannt« gespeichert und ist bei der Durchführung nicht mehr aktiv gefordert. Ich sag es doch: Menschen mit Humor wissen, dass Fehler zum Ziel führen.

Sollten Sie Führungskraft sein, hier schon mal ein Tipp: Trauen Sie sich, ein Meeting mit dieser Übung zu eröffnen. Natürlich werden die Kollegen und Mitarbeiter den Kopf schütteln, Sie mit Sätzen wie »Die Lage ist zu ernst für solche Kinderspiele!« für verrückt erklären oder in komplette Anarchie verfallen. Lassen Sie sich davon nicht beeindrucken. Wer Neues wagt, muss mit Widerstand rechnen. Ich versichere Ihnen, erstens steigert die Übung die Denkleistung, zweitens die Kreativität und drittens schafft sie auf einmal – wenn sich die Aufregung gelegt hat – eine ganz andere, positive Atmosphäre.

Menschen mit Humor sind also intelligent. Und intelligente Menschen haben eine besondere Beobachtungsgabe und eine feinere Wahrnehmung. Vor allem aber macht es ihnen Spaß, wahrzunehmen und zu beobachten. Sie sind neugierig. Und Neugier ist eine Grundvoraussetzung für Kreativität, Fantasie und Veränderungen. Die meisten Menschen nehmen die Dinge, die zu ihrem Alltag gehören, nicht deutlich wahr. Und manchmal auch nicht die Menschen um sie herum. Wir schenken dem wenig Aufmerksamkeit, was wir als gewohnt, als alltäglich betrachten. Genau das sollten wir aber tun. Dann erschließt sich uns das Überraschende im Alltag. Das Selbstverständliche wird angenehm fremd und damit aufregend.

Hier ein kleines Beispiel: Können Sie genau sagen, wie Ihr Küchenhandtuch aussieht? (Ich weiß, so ein Küchenhandtuch ist nun wirklich nicht wahnsinnig aufregend. Aber mit irgendetwas müssen wir anfangen.) Welche Farbe hat es? Welches Muster? Wie fühlt es sich an? Wo haben Sie es gekauft? Schenken Sie Ihrem alten Küchenhandtuch ein bisschen Zeit und denken Sie darüber nach!

Ich muss jedes Mal über mich selbst lachen, wenn ich mit dem Flugzeug beruflich verreise. Meistens benutze ich dann einen kleinen Koffer, den man hinter sich herziehen kann. Er ist dunkelblau. Wie gefühlte 98 Prozent aller anderen Koffer, die mir dann auf dem Laufband entgegenrollen. Jedes, aber wirklich jedes Mal stehe ich dann verzweifelt davor und versuche mich daran zu erinnern, was das Besondere an meinem Koffer ist. Ob er ein Muster hat. Wie die Marke heißt. Ich weiß es nicht. (Auch jetzt nicht!) Noch viel weniger weiß ich es am Flughafen. Meistens gelingt es mir, den richtigen Koffer vom Band zu ziehen. Einmal allerdings war ich schon fast bei den Taxis, als mir auffiel, dass ich den falschen erwischt hatte.

Deshalb jetzt eine imaginative Wahrnehmungsübung.

Übung 12

Stellen Sie sich ein Zebra vor. Es steht ganz still vor Ihnen, wehrt sich nicht und guckt freundlich. Imaginieren Sie das Zebra, wohin Sie es wollen. In Ihr Wohnzimmer, in die Steppe Afrikas, es ist egal. In letzterem Fall sollten Sie sich möglichst kein Löwenrudel dazudenken. Sonst läuft es weg, das Zebra.

Nun schauen Sie sich genau an, wie Ihr Zebra gezeichnet ist. Ist es schwarz mit weißen Streifen oder weiß mit schwarzen Streifen? Welche Streifen sind kräftiger? Verlaufen die Streifen alle in eine Richtung? Stellen Sie sich vor, das Zebra wüchse und Sie könnten problemlos unter seinem Bauch spazieren gehen. Hat ein Zebra Streifen am Bauch? Ich habe keine Ahnung. Das sind äußerst spannende Fragen! Bitte zählen Sie jetzt die Streifen am rechten

Vorderhuf. Aber nur, wenn welche da sind. Zum Schluss geben Sie dem Zebra einen Klaps und lassen es von dannen traben.

Sie fragen sich, warum um alles in der Welt Sie diese Übung durchführen sollten? Um sowohl Ihr Erinnerungsvermögen als auch Ihre Fantasie zu aktivieren! Sie können das selbstverständlich auch an einer Giraffe, einem Löwen oder Ihrem Hund ausprobieren. Letzterer darf sich nur nicht im gleichen Zimmer wie Sie befinden. Bei der Giraffe und dem Löwen habe ich da weniger Sorge.

Übung 13

Als nächste Übung versuchen Sie bitte, zu einem Begriff Assoziationen zu finden. Fangen wir ganz einfach an, und zwar mit dem Wort »Apfel«. Was fällt Ihnen zu Apfel ein? Klar, Apfelpfannekuchen, Apfelkuchen, Apfelkompott, Apfelbaum. Gut. Das ist jetzt noch nicht sehr komisch, weil die Begriffe in engem, logischem Zusammenhang stehen.

Versuchen Sie nun Zusammenhänge zu finden, in denen Apfel auf irgendeine Art eine Rolle spielt. Das können Personen sein, Metaphern, Bücher, Theaterstücke, Bücher, Mythologisches, Sprichwörter, Zitate und so weiter – zum Beispiel für Apfel die folgenden.

- Rotbäckchensaft (ein Getränk – musste ich früher auch trinken –, das mit einem Kind mit sehr roten Wangen wirbt, die an das Rot eines knackigen, reifen Apfels erinnern)
- New York (wird Big Apple genannt)
- Wilhelm Tell (Tell trifft mit seiner Armbrust einen Apfel auf dem Kopf seines Sohnes)
- Adam und Eva (ohne Kommentar)
- Computermarke (Apple)

Noch ein Beispiel: Pudel

- ⚙ Goethes Faust I (»Das ist des Pudels Kern«)
- ⚙ die Jacob Sisters (sehr viele Pudel)
- ⚙ pudelnackt
- ⚙ wie ein begossener Pudel aussehen

Assoziieren Sie einfach wild vor sich hin. Es dürfen auch Zusammenhänge sein, die nur Sie mit dem Begriff »Pudel« in Verbindung bringen. Bei mir sind es die Minipli-Frisuren der Männer aus den 1980er-Jahren. Ich finde, sie sahen alle aus wie Pudel.

Nun suchen wir Assoziationen zu abstrakten Begriffen, wie zum Beispiel »Freiheit«:

- ⚙ das Lied »Über den Wolken« von Reinhard Mey
- ⚙ das Lied »Freiheit« von Marius Müller-Westernhagen
- ⚙ Losung der französischen Revolution »Freiheit, Gleichheit, Brüderlichkeit«
- ⚙ Fall der Berliner Mauer
- ⚙ das Meer

Welche Assoziationen haben Sie zu »Macht«? Welche zu »Liebe«? Derartige Verbindungen herstellen zu können, ist die Basis für eine schnelle Kommunikation wie zum Beispiel den Small Talk. Ich werde darauf im Kapitel »Humor lässt Sie erfolgreich netzwerken« (S. 108) eingehen. Nur so viel vorweg: In einer Welt voller Netzwerke und übergreifender Teams kann Small Talk erfolgsentscheidend sein.

Die nächste Übung wird Sie vermutlich an Rudi Carrells »Das laufende Band« erinnern (sofern Sie in meinem Alter sind, für die anderen gilt: googeln!).

Übung 14

Bitte schreiben Sie sich zehn Gegenstände auf ein Stück Papier, zum Beispiel: Blumenstrauß, Käse, Sekretär, Hering, Krokodil, Vertrag, Alpenveilchen, Gurken, Schlange, Chef, Toast, Zahnpasta, Klarsichtfolie, Limonade. Nun versuchen Sie sich diese Gegenstände in dieser Reihenfolge zu merken. Und zwar indem Sie sie zueinander in Verbindung setzen, also eine Geschichte erfinden. Die Geschichte sollte möglichst abstrus, nicht realistisch sein, sonst denkt sich Ihr Gehirn: »Kenn ich schon, merke ich mir nicht.«

Hier ein Beispiel aus einem meiner Trainings: Der Blumenstrauß steckte in einem der Löcher des Schweizer Käses. Der Sekretär nickte zufrieden und dekorierte ihn mit einem Hering. Daraufhin legte das firmeneigene Krokodil sein Veto ein. In seinem Vertrag stand, dass es als Entschädigung Alpenveilchen beanspruchen durfte. Die Gurken sahen das ähnlich und baten die Schlange, das Haustier des Chefs, ihnen einen Toast mit Zahnpasta zu kredenzen. Dieser sollte allerdings in Klarsichtfolie abgepackt sein und mit Limonade serviert werden.

Wenn Sie das ein paarmal üben, brauchen Sie nie wieder eine To-do-Liste.

Übung 15

Erschaffen Sie Zusammenhänge, die eine komische Perspektive haben, so wie Alf auf der Erde oder Robert de Niro als Mafiaboss beim Psychiater im Film »Reine Nervensache«. Urkomisch. Also:

- ✧ ein Känguru auf dem Mond
- ✧ die Bundeskanzlerin als Moderatorin einer Bauch-Beine-Po-weg-Reality-Show

- ✿ Ihre Küchengeräte beschweren sich darüber, wie Sie sie behandeln
- ✿ Ihr Hund bewirbt sich bei DSDS; Dieter Bohlen zeigt sich begeistert
- ✿ das Zebra von vorhin wird neue Führungskraft in Ihrem Unternehmen und hält einen Vortrag über Kennzahlen – wiehernd

Überlegen Sie sich ganz in Ruhe die seltsamsten Kombinationen. Wenn Sie mögen, können Sie sogar eine ganze Geschichte erfinden. Das schult das Humorpotenzial.

Und nun noch eine Übung.

Übung 16

Erfinden Sie für irgendwelche Probleme möglichst abwegige Lösungen. Damit nähern wir uns schon mit großen Schritten der Fähigkeit, Pointen zu entwickeln:

Wie bringe ich meinem Hund bei, die Spülmaschine auszuräumen? Verschiedene Tipps: Hundetrainer engagieren, der auch als Dozent an einer Haushaltsschule arbeitet. Oder auf jedes Geschirrteil ein Leckerli legen. Oder: Ich sag's ihm einfach, mein Hund ist superintelligent.

Zensieren Sie sich nicht selbst. Verwerfen Sie keine Lösungen, bloß weil sie unrealistisch sind. Genau das sollen sie ja sein. Wenn Ihnen die Übung komisch vorkommen sollte, trauen Sie Ihrem Gefühl. Sie ist es! Sie eignet sich übrigens ebenfalls hervorragend für langweilige Partys und Familienfeste. Sollten Sie Ihre Lösungen jemandem vortragen wollen, tun Sie es bitte mit sehr ernstem Gesicht. Das erhöht das Amüsement.

Hier noch ein paar andere gewichtige »Probleme«:

- ✿ Wie schaffe ich es, in drei Monaten Bundespräsident(in) zu werden?
- ✿ Mit welcher Disziplin komme ich in das Guinnessbuch der Rekorde?
- ✿ Wie löse ich Josef Ackermann als Chef der Deutschen Bank ab?
- ✿ Wie gewinne ich Brad Pitt/Angelina Jolie für mich?
- ✿ Wie werde ich Berater/in von Barack Obama?
- ✿ Wie bekomme ich mein Haus ans Meer oder das Meer an mein Haus?

Es gibt unendlich viele Fragestellungen, über die Sie sich kreativ Gedanken machen können. Lauschen Sie bei den Antworten ganz genau in sich hinein. Dann hören Sie Ihre Humorsynapsen knallen.

Humor macht das Leben einfacher

Das Leben ist komisch! Darin werden Sie mir vermutlich schon jetzt zustimmen können. Sie haben ja einige Übung, Situationskomik zu entdecken, auf hohem Niveau sinnfrei Sinnvolles zu erschaffen und sich selbst nicht so ernst zu nehmen.

Letzteres heißt natürlich nicht, allen Problemen und Schwierigkeiten mit einem Witz zu begegnen. Nein, dem humorvollen Menschen ist das Leben nicht gleichgültig. Im Gegenteil: Er liebt es mit all seinen Wechselfällen. Er besitzt auch keine Laisser-faire-Einstellung gegenüber seinen eigenen Schwächen. Schon gar nicht verschließt der humorvolle Mensch die Augen vor den Ungerechtigkeiten der Welt. Ganz im Gegenteil: Humor ist ohne Wertvorstellungen nicht denkbar. Humor kann nicht ohne Herzensbildung (ein veralteter Begriff für eine fast ausgestorbene Eigenschaft) existieren. Und Herzensbildung ist ohne Klugheit, Empathie, Wertschätzung und Stil nicht denkbar.

Humorvolle Menschen können erkennen, wer und was hinter dem Offensichtlichen wirkt. Ohne diese Erkenntnisse könnten sie ja gar keinen Humor entwickeln. Humor verrückt (im Wortsinne) den Standpunkt, der Mensch sei Mittelpunkt und Krönung der Schöpfung.

Der humorvolle Mensch ist ein guter Beobachter.

Das kann zur leichten Melancholie führen. In meinem Arbeitszimmer hängt ein Bild von unserer Galaxis, der Milchstraße. Unser Sonnensystem und die Erde sind so klein, dass sie auf dem Bild inmitten der anderen Sonnensysteme und Sterne und Planeten nicht zu erkennen sind. Stattdessen prangt dort ein roter Pfeil. Neben ihm steht: »Hier sind wir!« Das ist eine echte Humorperspektive. Und wenn ich das Bild lange genug betrachtet habe, wird das Leben auf einmal viel einfacher.

Zurück auf unserer Erde heißt das Zauberwort Fehlertoleranz. Die Toleranz, zu seinen eigenen Fehlern zu stehen, sie als Teil der Persönlichkeit zu sehen. Und das nicht nur zähneknirschend. Es heißt auch, den Fehlern anderer mit Nachsicht zu begegnen. Was wiederum nicht bedeutet, dass man alles toleriert, jedem und allem vergibt und verzeiht. Humor ist kraftvoll. Hat Profil. Ist durchaus kämpferisch. Auf keinen Fall für reine Gutmenschen geeignet.

Wer seinen Fehler mit Vernichtungswillen und Selbsthass begegnet, dem gelingt es bestenfalls, sie zu unterdrücken. Dann lauern sie weiter in uns und warten nur darauf, im ungünstigsten Moment wieder hervorzubrechen. Wenn man nun partout die eigenen Fehler nicht positiv umdeuten kann, ist es besser, sich liebevoll mit ihnen anzufreunden. Sie davon zu überzeugen, sich ein wenig zu verändern. Wenn man sie nicht beschimpft, tun sie es auch. Wir leben ein ganzes Leben lang mit uns selbst. Wäre es da nicht besser, sich auch zu mögen?

Hier ein paar kleine Tipps für den Alltag:

Stellen Sie sich Menschen, die Ihnen nicht geheuer sind oder die unfreundlich, unangenehm, arrogant und dominant auftreten, mit einer roten Nase vor. Den wütenden Kollegen, den grantigen Vermieter, den cholerischen Chef. Einfach eine rote Nase aufsetzen. Lassen Sie sie vor Ihrem geistigen Auge weiter wüten, granteln, kollern. Das ist so ungemein komisch, dass Ihr mulmiges Gefühl gleich kleiner wird. Oder wenn Sie mal wieder nicht dazu kommen, irgendetwas Wichtiges zu erledigen, entschuldigen Sie sich einfach mit einem Zettel: »Liebes Badezimmer, ich komme leider heute nicht dazu, dich zu putzen. Ich habe auch keine Lust. Sorry.« Auch das befreit.

Mein Prinzip ist die individuelle Unvollkommenheit. Oder die unvollkommene Individualität. Wie Sie wollen. Dazu gehört die Fähigkeit, seine eigenen Emotionen und Intuitionen anzuerkennen, auf sie zu hören. Das bedeutet natürlich auch, die Emotionen anderer wahrzunehmen. Emotionale Intelligenz, früher als reine Frauensache abgetan, ist heute eine wichtige Voraussetzung für Teamarbeit, Motivation und Führungsfähigkeit.

Die meisten von uns haben gelernt, die Latte ihrer Ansprüche sehr hoch zu legen. Nur sehr wenigen gelingt es, darüberzuspringen. Gut, ein paar laufen einfach darunter durch. Aber der größere Teil ist kreuzunglücklich, weil er dem Ideal von Perfektion nicht entspricht. Die beste Methode, sich das eigene Selbstwertgefühl und die gute Laune zu verderben, ist der Vergleich. Wir werden das sofort ausprobieren.

Übung 17

Stellen Sie jetzt eine Liste auf, in der Sie beschreiben, was Sie alles im Leben nicht erreicht haben. Um nicht zu sagen, in welchen Bereichen Sie versagt haben.

Und nun schreiben Sie bitte auf, wer aus Ihrem Bekanntenkreis genau das erreicht hat, was Sie sich wünschen. Dokumentieren Sie bitte, wer reicher, schöner, attraktiver, erfolgreicher, glücklicher ist als Sie.

So. Wie fühlen Sie sich? Prima? Man bekommt unweigerlich eine grüne Gesichtsfarbe. Und beschimpft sich dann auch noch für sein Gefühl, weil Neid ganz und gar nicht akzeptabel ist. (Warum eigentlich?)

Ich kenne sehr viele Menschen, die verbissen alles nur Mögliche tun, um auf der Karriereleiter nach oben zu steigen und reich zu werden. Ratgeberliteratur gibt es dazu in Hülle und Fülle. Ich finde es wunderbar, seine Ziele erreichen zu wollen. Ich finde es wunderbar, für seine Ziele zu brennen und viel Einsatz zu zeigen. Noch wunderbarer ist es, seine Ziele tatsächlich zu erreichen. Mit dem, was man sich erträumt hat, auch noch Geld zu verdienen, gleicht einer Reise ins Wunderland. Allerdings müssen die Ziele zur eigenen Person, zu den individuellen Wertvorstellungen, Motivationen, Wünschen, Überzeugungen passen. Glauben Sie mir, ich erhalte nie den Nobelpreis für Mathematik. Hätte ich das erreichen wollen, wären aus mir und allen Mathematikprofessoren dieser Republik unglückliche Menschen geworden.

Wer dem Erfolg um des Erfolges willen hinterherrennt, läuft Gefahr, ihn nie einzuholen. Statt sich zu vergleichen, horchen Sie in sich hinein und achten Sie auf Ihre Intuition. Auch dazu im Folgenden direkt eine Übung.

Folgen Sie Ihrer Intuition und hören Sie auf Ihre Gefühle.

Begeisterung und Freude sind die Garantie für Kreativität, Produktivität, Glück und Humor. Ich kenne alle Einwände von »Das Leben ist kein Wunschkonzert« über »Die Lage ist zu ernst« bis hin zur moralischen Keule »Diese Lebenseinstellung ist egoistisch«. Warum kann es verwerflich sein, glücklich, zufrieden, heiter, gelassen, humorvoll zu leben?

Humor hat Mitgefühl

Der humorvolle Mensch erkennt hinter dem Offensichtlichen das Allzumenschliche. Er weiß, dass die Welt komplex ist. Dass es zwischen Gut und Böse, zwischen Schwarz und Weiß viele Schattierungen gibt. Und dass wir Menschen nun mal in Grautönen schimmern.

»Es kann der Frömmste nicht in Frieden leben, wenn es dem bösen Nachbarn nicht gefällt« (Friedrich Schiller). Die Frage nach der Identifizierung des bösen Nachbarn gestaltet sich außerordentlich schwierig. Zum Beispiel, wenn man in der Deutschen Bundesbahn einen Ruheplatz gebucht hat, aber um sich herum viertelstündlich die Entfernung vom Wunschziel per Handy durchgegeben wird. Man geht als Anfänger ganz selbstverständlich davon aus, im Recht zu sein. Erfahrungsgemäß sehen das die telefonierenden Mitreisenden völlig anders. Die Lösung liegt nahe: Ohrstöpsel und ein MP3-Player. Allerdings werden sich jetzt die Sitznachbarn von den Bässen belästigt fühlen. Was immer wir tun, irgendjemandem wird es nicht gefallen. So bleibt dem humorvollen Menschen gar nichts anderes übrig, als Mitgefühl zu entwickeln. Mit seinen Mitmenschen. Dinge, die man selbst nicht mag, nicht wertschätzt, die man ablehnt, können für einen anderen Menschen eine ganz andere Bedeutung haben.

Der humorvolle Mensch erkennt, was hinter Unfreundlichkeit, Eitelkeit, Ignoranz, Wut, Dominanzverhalten steckt. Sehr oft sind es Befürchtungen aller Art. Das Wissen allein kann schon helfen, ein bisschen großzügiger zu sein. Wenigstens probieren kann man es ja.

Und man darf darauf reagieren. Nur hilft in diesen Fällen die direkte Attacke, die Anklage, der Vorwurf meistens gar nichts. Manchmal ist bei der Lösung ein bisschen Fantasie gefragt. Ich verspreche Ihnen, Sie werden das Verhalten anderer nicht ändern. Sich aber selbst sehr viel besser fühlen. Und darauf kommt es doch an, oder?

Ich habe ziemlich große Angst vor Hunden. Ich jogge gerne. Und Hunde mögen Jogger. Grundsätzlich freut mich das. Aber nicht, wenn mich der Hund mit einem Hasen verwechselt. Versuchen Sie das mal einem Hundehalter zu erklären. Von »Machen Sie mal eine Therapie wegen Ihrer Hundeangst« bis hin zu »Dann dürfen Sie nicht hier laufen« habe ich schon alles gehört. Dahinter steckt natürlich die Befürchtung, dass der Hund in seiner Bewegungsfreiheit eingeschränkt werden könnte. Das kann Verhaltensauffälligkeiten bewirken. Und ich hätte Schuld daran. Mit Wut kommt man hier kein bisschen weiter. Das könnte nämlich den Hund irritieren. Und das wäre nicht gut. Zumindest, wenn er nicht angeleint und ein Rottweiler ist. Ich kenne mittlerweile so ziemlich jeden Hundehalter auf meiner Laufstrecke.

Ich spreche mit ihnen. Sage freundlich, dass ihr bildschöner Hund so gut erzogen sei. Ich hätte nämlich eigentlich Angst vor Hunden. Und ob Sie es glauben oder nicht, ich habe neulich sogar einem Riesenschnauzer ein Leckerli geben dürfen. Wir sind beste Freunde. Alle drei. Und ich habe weniger Angst.

Im vorigen Kapitel habe ich Ihnen geraten, einem cholerischen Chef einfach imaginär eine rote Nase aufzusetzen. Das hilft die Balance wieder herzustellen. Nun kommt der nächste Schritt. Warum ist der Chef so cholerisch? Warum brüllt er beim kleinsten Anlass, kann nicht zuhören und macht Ihnen das Leben zu Hölle? Je mehr Sie darauf insistieren, dass er sich einer Führungskraft nicht angemessen verhält, desto mehr schäumt er. Komplett beratungsresistent. Verständlich, wahrscheinlich hat er Angst, nicht anerkannt zu werden. Also bellt er. Diese Erkenntnis macht sein Verhalten nicht besser. Aber es kann die Kommunikation entschärfen. Hören Sie einfach auf, ihn ändern zu wollen. Er hat es mit sich selbst nicht leicht. Sie dagegen schon. Wenn Sie mögen, fragen Sie ihn, ob Sie ein Seminar über emotionale Intelligenz besuchen dürften. Auf Firmenkosten. Und was er davon hielte.

Warum zickt eine Kollegin Sie ständig an? Zicken ist nun wirklich kein Zeichen von Souveränität. Es hat etwas vom Verhalten eines kleinen, ewig kläffenden Rehpinschers. Tja, wenn man so klein ist, muss man sich eben irgendwie Gehör verschaffen. Wenn Sie sich unbedingt wehren wollen, schenken Sie ihr einen kleinen Stoffhund. Mit einem Lächeln: »Er hat mich irgendwie an dich erinnert.«

Das Gleiche gilt für Fahrradfahrer, die einen auf dem Gehweg wegklingeln und pampig werden, wenn man ihnen zu erklären versucht, dass sie sich auf einem Gehweg für Fußgänger befinden. Neulich fragte mich einer: »Wo soll ich denn fahren? Etwa auf der Straße?« Ich lächelte ihn an und sagte: »Oh, auf die Lösung wäre ich jetzt nicht gekommen.« Er wird mit Sicherheit sein Verhalten nicht ändern. Was für den Fußgänger der Radfahrer ist, ist für den Radfahrer der Autofahrer. Wer auf dem Rad sitzt, will nicht überfahren werden. Und übersieht dabei, dass es der Fußgänger auch nicht will. Zur Not könnte man sich zum Beispiel einen Zettel auf den Rücken an die Jacke kleben, auf dem steht »I like Radfahrer. Fast überall«.

Humor schärft den Blick

Der humorvolle Mensch hat Spaß, denkt schneller und hat Mitgefühl. Er lässt sich ungern ein »X« für ein »U« vormachen. Neugierig beobachtet er das Treiben der Menschen (und seines dazu) und entdeckt oft, was hinter dem Augenfälligen steckt. Das schärft den Blick für Ungereimtheiten und Widersprüche. Dafür braucht man viel Humor. Andererseits entdeckt man auch ein unerschöpfliches Humorreservoir.

Notieren Sie einmal spaßeshalber, welche Klischees, Vorurteile, Meinungen sich in Ihrer Umgebung so tummeln. Das ist ausgesprochen erhellend. Und versuchen Sie dann die Widersprüche, Ungereimtheiten, Unwahrheiten hinter all dem zu entdecken. Mit Humor, versteht sich. Die Pointe ergibt sich meistens ganz von allein.

Hier einige Beispiele:

Models müssen dünn sein. Viel dünner als die Durchschnittsfrau. Und das hat auch einen guten Grund: An Menschen ohne nennenswerten Rundungen sehen praktisch alle noch so abstrusen Kreationen halbwegs gut aus. Sagen die meistens männlichen Designer, deren erotischer Hang zu Frauen in den meisten Fällen eher marginal ist.

Männer sind nicht »multitaskingfähig«. Stimmt genau. Frauen betrachten dies selbstverständlich als Mangel. Während Männer argumentieren, dass die mangelnde Multitaskingfähigkeit der Grund dafür sei, dass sie besser und konzentrierter arbeiten und denken könnten. Wer die Wahl hat, hat die Qual. Die Gehirnforschung bezweifelt allerdings mittlerweile, dass es Multitaskingfähigkeit überhaupt gibt. Sie vermutet eine Konzentrationsschwäche. Manche Menschen seien allerdings in der Lage, sehr schnell zwei Dinge hintereinander zu erledigen. Sodass es nur aussähe, als geschähe es gleichzeitig![1]

Spinat ist gesund. Ich bin als Baby wie viele andere mit Spinat gefüttert worden, weil der angeblich so viel Eisen enthalten sollte. Ich habe Spinat gehasst! Dass sich jemand bei der Mengenangabe des Eisens im Spinat in der Kommastelle geirrt hatte, wusste man damals nicht!

Fußball ist Männersache. Fußballerinnen werden in den Fankurven dieser Welt nicht sonderlich ernst genommen. Auch wenn die deutsche Frauenfußballmannschaft mittlerweile schon zweimal Weltmeister geworden ist; die Herren dagegen lediglich zweimal Dritter. Wie Lukas Podolski dazu im Fernsehen intelligent und sinngemäß anmerkte: »Die spielen ja nur gegen Mädchen.« Ach, deshalb! Bundeskanzlerin Angela Merkel bewies in ihrer Neujahrsansprache 2006 dagegen staubtrockenen Humor. Sie wollte unsere männliche Fußballnationalmannschaft anfeuern. Und sprach in ihrer Neujahrsansprache 2006 folgende denkwürdigen Sätze: »Natürlich drücken wir unserer Mannschaft die Daumen, und ich glaube, die Chancen sind gar nicht schlecht. Die Frauenfußball-Nationalmannschaft ist ja schon Fußballweltmeister, und ich sehe keinen Grund, warum Männer nicht das Gleiche leisten können wie Frauen.« Großartig.

Männer und Frauen sind gleichberechtigt. Deshalb wimmelt es ja auch nur so von weiblichen Topmanagern. Und Männern, die freiwillig Erziehungsurlaub nehmen. Wissen Sie, dass in Berufen, in denen mehr Frauen arbeiten, die Reputation des Berufes und der Verdienst sinken? Kennen Sie viele Grundschullehrer, Krankenpfleger, Kindergärtner oder männliche medizinisch-technische Assistenten? Man nennt diese Berufe auch Sackgassenberufe. Das bedeutet: Hier endet der Weg in die »richtige« Karriere. Ich mache mir nun sehr große Sorgen um die Zukunft des Bundeskanzleramtes. Ich vermute dringend, dass jetzt kein Mann mehr dieses Amt haben möchte. Nach Frau Merkel.

Frauen, die ihre Kinder in Kindertagesstätten geben oder sich eine Tagesmutter leisten, sind »Rabenmütter«. Weil sie arbeiten wollen.

In Frankreich gibt es den Begriff gar nicht. Dafür gibt es ausreichend Kinderkrippen. Raben sind übrigens ganz ausgezeichnete Mütter.

Unser Wirtschaftssystem funktioniert nach dem Höher-weiter-schneller-mehr-Prinzip und unser Gesellschaftssystem auch. Mehr Macht, mehr, Geld, mehr Ressourcen. Als humorvolle Person kommt man nicht umhin, mit einem lachenden und einem weinenden Auge zuzugeben: Der Wettbewerb, das Gewinnenwollen liegt im menschlichen Wesen. Dagegen ist ja auch gar nichts einzuwenden. Allerdings braucht das Höher-weiter-schneller-mehr-Prinzip den Kampf. »Wettbewerb« ist ein Euphemismus. Er geht davon aus, dass der Markt begrenzt ist, dass viele Konkurrenten aus dem Feld geschlagen werden müssen und dass da oben nur Platz für sehr wenige ist. The winner takes it all. Das ist in einem Löwenrudel auch nicht anders. Das Prinzip basiert also auf einer Haltung des Mangels. Das heißt, wir, die wir nicht zur Upperclass gehören, haben Mängel und Defizite, die behoben werden müssen. Ganze Branchen leben davon. Wie zum Beispiel die Klatschpresse. Sie hält uns die beispiellosen Karrieren von Stars, Sternchen, Adeligen und Wirtschaftsmagnaten vor wie einem Esel die Möhre. Und wir rennen. Zum nächsten Autohändler und kaufen uns einen Porsche. Oder einen Schönheitschirurgen. Wenn das nicht ins Budget passt, dann wenigstens die Kosmetik, die uns 20 Jahre jünger macht. Oder einen jüngeren Partner. Oder Schuhe. (Ich habe mir gestern einen sündhaft teuren Pulli gekauft. Sündhaft, sage ich Ihnen.)

Der humorvolle Mensch ist natürlich nicht immun gegenüber diesen Verlockungen. Er ist halt auch nur ein Mensch. Aber er hat einen wachen Blick und sieht die Widersprüche in unserer Gesellschaft. Er kann über sie lächeln und manchmal auch laut lachen. Auch darüber, dass er das Spiel mitspielt. Das macht ihn ein bisschen unabhängiger.

Humor macht Sie beliebt

Wer andere zum Lächeln, Lachen oder Schmunzeln bringt, schenkt ihnen ein bisschen Glück. Wen aber mag der glückliche Mensch am allerliebsten? Natürlich den, der ihn glücklich gemacht hat. Das kann die Lottofee oder der Weihnachtsmann sein. Oder der humorvolle Mitmensch. Und Letzteren trifft man öfter als einmal im Jahr.

Zusammen lachen verbindet. Das können Sie bei allen Veranstaltungen beobachten, auf denen Komiker auftreten. Wer Menschen zum Lachen bringt, sei es in der Familie, im Freundeskreis, im Beruf oder einfach nur in der Straßenbahn, schafft eine Verbindung zwischen ihnen. Mit einem Lachen über dasselbe Bonmot kann man mehr Gemeinsamkeit erzeugen als mit der bloßen Tatsache, sich am gleichen Ort oder im gleichen Unternehmen zu befinden.

Humor schafft ein Wir-Gefühl.

Wie kommt das? Humor bezieht sich immer auf das Menschliche. Humor enthüllt das, was hinter unseren Fassaden steckt. Unsere Ängste und unsere Schwächen. Aber Humor denunziert nicht. Zumindest nicht der Humor, von dem ich spreche. Ihm gelingt es sogar, unser Versagen zu einem kollektiven Lacherlebnis zu gestalten. Kennen Sie das Theaterstück »Caveman«? Es spielt unnachahmlich mit den Klischees von weiblichem und männlichem Verhalten in Beziehungen. Die Zuschauer erkennen sich wieder und lachen gemeinsam über die eigenen Fehler. Humor bewirkt so mehr als jeder Appell mit erhobenem Zeigefinger.

Nur der, der lachend seine Grenzen erkennt, kann sie erweitern.

Viele Menschen haben Angst vor Nähe, weil die verletzlich macht. Der humorvolle Mensch schafft Nähe und Angstfreiheit zugleich. Humor braucht die Nähe, das »Wir«. Er schafft eine entspannte Atmosphäre. Menschen, denen das gelingt, sind beliebt. Man möchte sie um sich haben. In der Familie, im Freundeskreis, im Beruf.

Übung 19

Bereiten Sie Menschen in Ihrem Umfeld eine Freude. Zaubern Sie ein Lächeln auf ihre Gesichter. Mit kleinen Gesten, wenigen Worten. Bieten Sie in der U-Bahn Ihren Sitzplatz an. Lassen Sie jemandem an der Supermarktkasse den Vortritt. Heben Sie etwas auf, was Ihrem Nachbarn heruntergefallen ist. Grüßen Sie am Morgen Ihre Kollegen ganz besonders charmant mit einem Lächeln. Wünschen Sie anstatt dem hingeschleuderten, wenig wertschätzenden »Mahlzeit« Ihrem Tischnachbarn einen wirklich guten Appetit. Lächeln Sie Menschen an. Nicht mit dem unechten Lächeln, das der gesellschaftlichen Gepflogenheit entspringt. Nicht mit dem Konfliktvermeidungs-Lächeln, das Frauen anerzogen wird. Nein, lächeln Sie auf Augenhöhe, zeigen Sie Zähne. Das signalisiert Selbstbewusstsein und echte Anteilnahme zugleich. Eine unwiderstehliche Mischung! Strahlen Sie einfach hemmungslos Fußgänger an. Trauen Sie sich! Sie glauben nicht, wie sehr das Ihr Leben verändert. Es stimmt: Wer andere glücklich macht, macht sich selbst glücklich. Die meisten Menschen freuen sich, wenn sie angelächelt werden. Es gibt allerdings einige wenige, die so viel Freundlichkeit mit Misstrauen begegnen. Lassen Sie sich nicht abschrecken.

Wir Deutsche sind nicht gerade Weltmeister im Loben. Hier gilt, wenn keiner kritisiert, ist das schon Lob genug. Nur leider ist diese Einstellung so gar nicht motivierend. Viele Menschen glauben, sie würden sich etwas vergeben, wenn sie loben. Wer lobt, würde nicht respektiert. Kritik verschaffe einem einen hohen Status. Das stimmt! Aber Kritik ist nichts anderes als etwas oder jemanden zu bewerten. Positiv oder negativ. Also besitzt der, der lobt, ebenfalls einen hohen Status, wird respektiert und darüber hinaus auch noch gemocht. Denn Menschen hören Lob sehr gerne. Wirklich schade, dass es in Deutschland keine Lob-Kultur gibt. Bis jetzt! Denn nun kommen Sie!

Übung 20

Loben Sie die Menschen in Ihrer Umgebung! Gehen Sie zu Ihrem Bäcker und erklären Sie ihm mit einem Lächeln, wie unglaublich lecker Sie seine Brötchen finden.

Loben Sie Ihre Kollegen, zum Beispiel mit dem Satz: »Ich finde es wirklich bewundernswert, wie Sie auf die Bedürfnisse unserer Kunden eingehen.«

Sie können auch Ihren Partner, Ihre Ehefrau, Freunde und Kinder loben.

Übung 21

Loben Sie wildfremde Menschen! Gut, das erfordert noch mehr Mut. Sagen Sie jemandem auf der Straße, was Ihnen an ihm besonders gut gefällt: »Sie haben einen wunderschönen Pulli an« oder »Wow, was für Lippenstift!«. Es gibt so vieles, was uns an anderen gefällt.

Bringen Sie Ihre Mitmenschen zum Lachen. Am Anfang versuchen Sie es erst einmal aus dem Tiefstatus heraus – das ist einfacher. Kurze Erklärung: Humor und Komik funktionieren entweder aus einem Hochstatus oder einem Tiefstatus heraus. Eckhard von Hirschhausen agiert als ehemaliger Mediziner aus einem Hochstatus heraus. Er teilt seinen Zuschauern sein Wissen mit, möglichst komisch natürlich. Die Comedy-Figur Cindy von Marzahn ist ein wandelnder Tiefstatus: bildungsfern, arbeitslos, fett. Sie erzählt von ihrem Scheitern.

Man kann Hochstatus und Tiefstatus auch mischen. Meine Kabarettfigur Margot Wohlfahrt-Jobben ist *die* Beraterin der Großen aus Wirtschaft, Politik und Showbiz. »Worldwide.« Von Helmut Kohl, Heidi Klum, Barack Obama, Angela Merkel, Joseph Ackermann, Carsten Maschmeyer bis hin zu Jogi Löw hat sie jeden gecoacht. Also: Hochstatus! Sie ist Geschäftsführerin der Consulting & Cleaning GmbH. Denn Margot hat ihre beispiellose Karriere als Putzfrau in den Toiletten des Deutschen Bundestags in Bonn begonnen. Das ist nun wirklich Tiefstatus! Sie behauptet übrigens, sie hätte dort einen Riecher für die Wirtschaft und die Politik entwickelt.

Übung 22

Erzählen Sie Ihren Mitmenschen also, was Ihnen misslungen oder Furchtbares begegnet ist. Humorvoll natürlich und selbstironisch. Menschen lachen gerne über das Scheitern anderer. Keine Angst, Sie verlieren dabei nicht an Respekt. Sie gewinnen Respekt. Weil Sie anderen erlauben, über Sie zu lachen. Es macht Menschen sympathisch, wenn sie Fehler zugeben. Und es beweist trotzdem Stärke. Ein Mensch, der Fehler zugeben kann, dem billigt man ein sehr großes Selbstbewusstsein zu. Hochstatus also, obwohl er aus dem Tiefstatus heraus erzählt.

Sie können also zwischen Hoch- und Tiefstatus wechseln. Wer Missgeschicke über andere erzählt, befindet sich allerdings immer im Hochstatus.

Sie werden sehen, wie sehr Sie die Menschen amüsieren. Sie haben ja jetzt schon ein beachtliches Repertoire an Situationskomik und komischen Geschichten gesammelt. Hier kommt meine: Gestern (wirklich) erhielt ich einen Anruf einer Agentur. Am Ende des Telefonats wollte die freundliche Dame meine Kontaktdaten abgleichen. Mein Firmenname lautet: Jumi Vogler, Unternehmenskabarett Potenzialentwicklung. Sie las: Jumi Vogler, Unternehmenskabarett Porzellanentwicklung. Porzellanentwicklung? Ich war kurz davor zu sagen: »Hallo, Humor ist *mein* Metier!« Porzellan entwickle ich wirklich eher selten. Leider war ich nicht in der Lage, das Missverständnis sofort aufzuklären. Ich konnte nämlich nicht sprechen. Vor lauter Lachen. Als ich abends einer Geschäftsfreundin diese Geschichte erzählte, machte sie folgende denkwürdige Bemerkung: »Wenn Sie also feststellen, dass Sie nicht mehr alle Tassen im Schrank haben, können Sie einfach selbst welche brennen.« Wunderbar, oder?

Mit Humor können Sie peinliche und verkrampfte Situationen entspannen. Ihre Mitmenschen werden Ihnen dankbar sein. Es genügt, die Situation anzusprechen, mit einem Lächeln natürlich, und schon entkrampft sich die Atmosphäre.

Stellen Sie sich vor, Sie sind auf irgendeiner Veranstaltung eingeladen, auf der Sie niemanden kennen. Sie stehen an einem dieser furchtbaren Bistrotische. Um Sie herum fünf Personen, die sich ebenfalls noch nie gesehen haben. Niemand sagt etwas. Betretenes Schweigen. Die Augen wandern an die Decke, um die Wandfarbe zu inspizieren. Sie aber schauen alle mit einem Lächeln an und bemerken: »Finden Sie das auch so unangenehm? Niemand kennt jemanden und keiner traut sich etwas zu sagen. Ich breche mal das Schweigegelübde, mein Name ist …« Nun erzählen Sie, warum Sie bei dieser Veranstaltung sind und fragen Ihre Tischnachbarn nach deren Gründen. Schon ist der schönste Small Talk im Gange und vielleicht haben Sie mit der einen oder anderen Person noch nach der Veranstaltung Kontakt. Man trifft sich immer zweimal.

Frauen sind in einer Studie befragt worden, welchen Mann sie bevorzugen würden. Den mit Geld und Macht? Oder den mit einem attraktiven Gesicht und Körper? Oder den mit Humor? Selbstverständlich haben die Frauen geantwortet »Den mit Humor«. Die gleiche Frage wurde den Herren der Schöpfung vorgelegt. Sie ahnen es schon? Nein, Sie ahnen es nicht! Die haben nämlich dasselbe geantwortet. Sie würden eine Frau mit Humor bevorzugen. Geschwindelt? Nein. Denn Männer verstehen unter einer Frau mit Humor eine Frau, die über deren Witze lacht!

Humor macht nicht nur beliebt, sondern auch attraktiv für das andere Geschlecht.

Frauen mögen also Männer mit Humor. Und wenn sein Humor noch ausbaufähig ist, loben Sie ihn einfach. Erzählen Sie ihm, welch wundervollen Humor er sein Eigen nenne. Männer sind sehr empfänglich für Lob. Er wird sofort versuchen, sich zu steigern.

Mögen denn nun auch Männer Frauen mit Humor? Jawohl! Humorvolle Frauen haben wie humorvolle Männer Ausstrahlung und Charisma. Sie sind offen und lachen gerne. Sie sind nahbar und nicht arrogant. Und deshalb sehr anziehend. Allerdings würde ich nicht empfehlen, den betreffenden Herren Bonmots oder Witze über männliche Schwächen zu erzählen. Männer finden es nicht komisch, wenn diese Witze aus dem Mund einer Frau kommen. Sie wollen doch bewundert werden.

Humor ist schlagfertig

Eine humorvolle Bemerkung, eine selbstironische Erzählung, eine Prise Ironie machen Sie zu einem Menschen, den man gerne um sich hat, beruflich und privat. Aber Humor kann noch mehr: Humor kann kontern. Auf Angriffe, Unfreundlichkeiten, Kritik, Unterstellungen, Unverschämtheiten aller Art. Humor hat darauf eine Antwort. Denn Humor ist schlagfertig. Lassen Sie sich dieses Wort auf der Zunge zergehen. Schlag-fertig – im Sinne von »bereit« zurückzuschlagen. Auf Verbalattacken zu reagieren, allerdings wesentlich intelligenter als der Angreifer.

Schlagfertigkeit bedeutet, sich zu wehren. Wir kennen alle folgende Situation: Jemand wirft uns etwas harsch an den Kopf. Sein Ziel ist vor allem, uns herabzusetzen mittels einer Unverschämtheit, einer Beleidigung oder einer Kritik. Natürlich ist hier nicht die konstruktive Kritik gemeint. Ich meine die ungerechtfertigte oder destruktive Kritik. Meistens sind wir fassungslos, wenn so etwas passiert. Wir haben nicht damit gerechnet. Nicht in dieser Situation. Nicht von diesem Menschen. Nicht so. In unserem Gehirn herrscht Leere.

Gähnende Leere. Also stammeln wir Belanglosigkeiten oder geben schuldbewusst alle Fehler dieser Welt zu, oder im allerschlimmsten Falle verteidigen wir uns. Und sind genau da, wo der Angreifer uns haben wollte. Unten. Im Tiefstatus. Von ihm aus gesehen.

Das ist jedem von uns bestimmt schon mehrmals passiert. Nun neigen wir dazu, uns nicht nur über den Angreifer, sondern vor allem über unseren Mangel an Schlagfertigkeit zu ärgern. Nur zwei Stunden später wissen wir ganz genau, was wir ihm hätten antworten wollen. Und ärgern uns noch zwei weitere Stunden, um dann zum Resultat zu kommen, dass wir ja sowieso nicht auf dem gleichen Niveau hätten zurückschlagen wollen. Weil es eben weit unter unserem Niveau gewesen wäre. Leider helfen uns diese Selbstbeschwichtigungen gar nichts. Wir ärgern uns immer noch über uns selbst. Stunden- oder tagelang.

Tatsächlich befinden wir uns nur kurz in Schockstarre. Die Antworten auf solche Angriffe lauern sprungbereit in unserem Inneren. Darauf wartend, unser gesamtes Spektrum an Souveränität, Witz, Humor und Fachwissen zu präsentieren. Warum kommen sie dann aber nicht heraus? Die Antworten? Nun, sie sind völlig unschuldig daran. *Wir* hindern sie. Wir glauben nämlich, dass wir nicht das Recht hätten, uns zu wehren. Dass wir nicht das Recht hätten, genauso frech und unverschämt zu sein wie der andere. Und ganz tief im hintersten Eckchen unserer Psyche existiert da auch noch der Gedanke, dass wir die Behandlung verdient hätten.

In meinen Trainings erlebe ich das sehr oft. Die Teilnehmerinnen und Teilnehmer halten es für unangebracht, auf Unverschämtheiten mit Chuzpe zu reagieren. Sie glauben, es sei unmoralisch und böse. Weil sie erleben, wie sehr sie selbst so ein Verhalten verletzt, wollen sie das nicht einem anderen antun. An sich ein schöner Zug. Nach dem Motto: Ich bin ein besserer Mensch als du. Deswegen wehre ich mich nicht. Ich will dich nicht genauso verletzen wie du mich. Im Umkehrschluss hieße das allerdings: Wer sich nicht wehrt, duldsam und leidensfähig ist, keinen gesunden Egoismus besitzt, sich nicht durchsetzen kann, ist ein guter, ein moralischer Mensch.

Leider gilt diese Einstellung als erwünscht. Denn sie stabilisiert den gesellschaftlichen Frieden. Sie gilt nicht für Politiker und Wirtschaftsbosse. Oder finden Sie Frau Merkel, Herrn Trittin oder Herrn Ackermann sonderlich leidensfähig und ohne Ego? Natürlich nicht. Sie wären gar nicht auf ihren Posten, wenn sie sich nicht durchsetzen könnten. Schalten Sie aber den Fernseher an, sehen Sie in den Hauptrollen der TV-Filme den duldsamen, emotionalen, nachgiebigen, weichen Menschen. Status und Geld haben für ihn keine Bedeutung. Er hat auch keine eigene Bedürfnisse, keinen Ehrgeiz und keinen Willen, bekommt dafür aber immer den Traumpartner. Dieser Mensch ist fast immer eine Frau. Der Gegenspieler kann ein Mann oder eine Frau sein. Auf jeden Fall aber ist er ehrgeizig, egoistisch und hart. Status und Geld haben für ihn eine große Bedeutung. Er bekommt natürlich nicht den Traumpartner. Dafür aber den Geschäftsführerposten einer großen Firma. In erster Linie gehört das Aberkennen eigener Wünsche, die Sanktionierung von Energie, Durchsetzungsfähigkeit und Schlagfertigkeit zur Erziehung von Mädchen. Ich kenne aber auch viele Männer, die diese Einstellung verinnerlicht haben. Auch hier stellt sich die Frage: Wer hat etwas davon, wenn man sich nicht wehren kann? Ganz einfach: Je weniger Konkurrenten sich das Spiel um Status, Macht und Geld zutrauen, umso mehr steigen die Chancen für die anderen.

Ich spreche hier nicht einer Ellbogengesellschaft das Wort. Aber ich bin davon überzeugt, dass es zum Leben gehört, seine Bedürfnisse, Wünsche, sein Wollen bestmöglich durchzusetzen. Nur dann können wir etwas bewegen. Und ich bin der Ansicht, dass dem Kampf mit dem Schwert das elegante Florett vorzuziehen ist. Das Florett ist leichter, zierlicher, wendiger und trifft auf den Punkt. Wie der Humor.

Humor ist schlagfertig. Üben wir uns also in Schlagfertigkeit. Auf dass beim nächsten Mal der Angreifer, nein, nicht ins Leere läuft, sondern in Ihr Humor-Florett. Einige der folgenden Übungen können Sie übrigens sowohl allein als auch zu zweit durchführen.

**Humor ist frech,
Humor ist intelligent,
Humor trifft.**

Übung 23

Schreiben Sie nach der sogenannten Behauptungs- und Belegformel vier Argumente auf. Kleines Beispiel:

»Ich fahre gerne Fahrrad.« Das ist die Behauptung.
»Weil Fahrradfahren gut für die Umwelt ist.« Das ist der Beleg.

Beides zusammen nennt man Argument (ein klassisches Argument besteht nach den Regeln der Rhetorik aus drei Schritten,
aber im Alltag argumentieren wir wie oben, und das soll uns hier
reichen).

Es darf auch witzig oder unsinnig sein:

Behauptung: »Ich mag die Nacht.«
Beleg: »Weil sie so dunkel ist.«

Nun ist es Ihre Aufgabe, die Behauptung zu negieren und dafür
einen passenden Beleg zu finden. Die Replik darf gerne völlig unsinnig, absurd oder lustig sein:

»Ich fahre nicht gerne Fahrrad, weil Fahrradfahren Sport ist. Sport
ist aber Mord.«

»Ich hasse die Nacht, weil ich nachts immer Partys feiern muss.«

Mit Mitspielern macht es mehr Spaß. Sie können dann auf Schnel-
ligkeit spielen. Aber um sich selbst zu schulen, funktioniert es
auch sehr gut allein.

Übung 24

Erzählen Sie eine Fantasiegeschichte – hier geht es darum, Ihren Erfindungsreichtum anzukurbeln und eine Story zu gestalten, die nicht unbedingt real oder realitätsnah ist, dennoch aber in sich logisch. Zum Beispiel:

- ✿ eine Reise mit Ihrem erotischen Ideal Mister Spock auf dem Raumschiff Enterprise
- ✿ Sie haben eine Pilzsorte gefunden, die alle Fehler von Microsoft-Programmen sofort und unwiderruflich eliminiert
- ✿ Sie gründen einen Ladys-Begleitservice und engagieren dafür als Hosts Brad Pitt, George Clooney und Seal
- ✿ Heidi Klum hetzt Ihnen eine Schlägertruppe aus ehemaligen DSDS-Gewinnern auf den Hals, weil Sie ihr Seal ausgespannt haben
- ✿ Angelina Jolie will Sie heiraten und 15 Kindern von Ihnen
- ✿ Sie drehen einen Film über Ihr Leben, der fünf Oscars gewinnt

Die Möglichkeiten sind schier unerschöpflich.

Diese Fantasiereise können Sie auch alleine spielen. Am besten schreiben Sie beim Entwickeln Ihre Story auf. So haben Sie Ihr kreatives Talent gleich schwarz auf weiß. Oder Sie spielen die Fantasiereise mit mehreren: Einer fängt an und gibt nach ein paar Sätzen an den nächsten ab. Der erzählt in der Ich-Person die Geschichte weiter. Nach ein bis drei Minuten reicht er die Geschichte an den nächsten in der Runde weiter. Verabreden Sie vorher, nach wie viel Runden die Fantasiereise ihr Ende finden soll.

Es kann sein, dass Ihnen das Geschichtenerfinden am Anfang schwerfällt, aber mit jeder Runde wird es leichter. Ich verspreche es! Geben Sie sich die Erlaubnis, kreativ und fantasievoll zu sein!

Als Nächstes arbeiten wir mit Killerphrasen. Oder besser: Wir arbeiten daran, wie man auf Killerphrasen kontert. Sie wissen schon, Killerphrasen sind dazu da, jedwede Veränderung im privaten oder beruflichen Umfeld zu torpedieren. Die Killerphrase kommt aus dem Mund desjenigen, der auf gar keinen Fall Ihren Erfolg wünscht. Da die Killerphrase ein Allgemeinplatz ist und sich nie beweisen lässt, kann man auch nicht ernsthaft darauf antworten. Man käme sofort in Beweisnot oder in die Verteidigungsposition. In all diesen Fällen hätte man verloren.

Übung 25

Setzen wir uns also mit Killerphrasen auseinander! Und sammeln ein paar Repliken fürs Repertoire.

»Das haben wir immer schon so gemacht.«

Antworten:
1. Hat's auch mal geklappt?
2. Ui, Sie müssen ja sehr leidensfähig sein.
3. Eben, und nun machen wir mal was anderes. Wird ja sonst langweilig.
4. Erfolg macht Ihnen Angst, oder?
5. In die Luft pusten und sagen: »Hier staubt's.«
6. Wenn ich in Ihr Gesichter blicke, sehe ich Innovationsfähigkeit, Kreativität und den unbedingten Willen zur Veränderung. Den werden Sie auch brauchen.
7. »Das Reh springt hoch, das Reh springt weit, warum auch nicht, es hat ja Zeit« (Heinz Erhardt).
8. Hildegard Knefs Refrain singen: »Von da an ging's bergab.«

Sie sehen, worauf es hinausläuft? Natürlich sind die Antworten 7 und 8 nur in bestimmter Atmosphäre, in bestimmten Branchen oder Situationen möglich. Aber möglich sind sie. Und wenn sie nicht möglich sein sollten, macht es Spaß, sie sich auszudenken. Das übt auch die Schlagfertigkeit.

Hier noch ein paar Killerphrasen für Sie frisch auf den Tisch:

»Das ist nicht zielführend.«
»Dazu müssen Sie zuerst die Menschen ändern.«
»Sie sind zu jung.«
»Sie sind zu alt.«
»Ich kenne den Laden hier. Bei den gewachsenen Strukturen lässt sich nichts machen.«
»Das können Sie doch nicht beurteilen.«
»Das haben wir schon probiert. Da ging es auch nicht.«

Mit der nächsten Übung erschaffen wir niemals versiegenden Gesprächsstoff! Die Übung heißt »Das Glasperlenspiel«. Sie wird Ihre Eloquenz trainieren und schult Sie besonders gut auf dem Weg zum Small-Talk-Profi.

Übung 26

Sie befinden sich in einer Runde von Mitspielern. Jemand spricht über ein beliebiges Thema. Sie hören aufmerksam zu. Plötzlich übt ein Wort einen besonderen Reiz auf Sie aus. Knüpfen Sie an dieses Wort an und assoziieren Sie frei. Zum Beispiel:

Person XY spricht über Astrologie und in diesem Zusammenhang über sein eigenes Sternzeichen Löwe. Letzteres ist Ihr Impuls. Sie klinken sich in das Gespräch ein und erzählen von Ihrer Fotosafari in Kenia, bei der Sie viele Löwen gesehen haben. Das wiederum veranlasst einen anderen Gesprächspartner über das Sozialverhalten der Löwenweibchen zu sinnieren, was unweigerlich natürlich für Sie zum Thema Emanzipation und anschließend Ihren Mitspieler zum Thema Lady Gaga führt.

An dieser Übung sollten mindestens drei, lieber mehr Personen teilnehmen. Ihre Assoziationen dürfen nicht zu nah am Ursprungswort liegen. Sonst dreht sich das Gespräch im Kreise.

Beobachten Sie einmal Menschen auf einer Party. Oft verlaufen kleine Gespräche sehr schnell im Sande. Small Talk ist nämlich eine Kunst. Und das ist Ihre Chance! Als Impulsgeber mit Humor werden Sie in Zukunft jede Runde im Gespräch halten. Die Gastgeber werden sich um Sie reißen!

Impulse und freie Assoziationen kommen auch bei der Philosophie-Methode zum Einsatz. Diese dient dazu, auf Beleidigungen, Unverschämtheiten, Vorwürfe, unfreundliche Bemerkungen aller Art möglichst absurd zu antworten. Wir haben im Kapitel »Humor hat Mitgefühl« schon über den cholerischen Chef und die zickende Kollegin gesprochen. Leider stellen die beiden keine Ausnahmen dar. Im Gegenteil: Unfreundlichkeiten nehmen im Alltag immer mehr zu. Ob im Beruf, in der Straßenbahn, beim Einkaufen – Wertschätzung und Höflichkeit gehören schon lange nicht zum Standard der Umgangsformen. Wer hier Gleiches mit Gleichem vergilt, hat das Spiel verloren. Entweder wird er bloßgestellt oder noch härter attackiert. Beides ist schmerzhaft. Wer versucht, auf sachlicher Ebene den Vorwürfen und Beleidigungen zu begegnen, befindet sich schnell in einem Machtkampf. Machtkämpfe gewinnt man nicht, indem man den anderen zu übertrumpfen versucht. Man gewinnt sie, indem man den anderen möglichst intelligent schachmatt setzt. Also, natürlich mit Humor! Stellen Sie sich die im Folgenden beschriebene Situation vor.

Jemand sagt zu Ihnen mit viel Sarkasmus: »*Ich hätte Ihnen gar nicht zugetraut, dieses Projekt von Anfang bis Ende zu stemmen.*«

Sie verlieben sich spontan in das Wörtchen »gar« und antworten: »*Gar oder nicht gar. Das ist hier die Frage? Was bedeutet ›gar‹? Halb gar, ganz gar, ganz und gar? Ein Problem von höchster Komplexität.*«

Ihr Gegenüber wird glauben, Ihre Gehirnzellen würden Hip-Hop tanzen, und konstatiert wütend: »*Sagen Sie mal, sind Sie durchgeknallt? Sie sind nicht mehr ganz klar. Oder? Hat Sie wohl doch überfordert, das Projekt.*«

Sie erwidern völlig durchgeistigt: »*Mal! Ein Muttermal ist ein Mal. Ein Wundmal ist ein Mal. Mal sehen, wo der Unterschied liegt zwischen Mal und Mahl. Ein Mahl kann man essen. Kann man auch ein Mal essen? Ich weiß es nicht. Ich bin ein Wicht. Mahlzeit!*«

Sie denken, Sie machen sich damit zum Affen? Nein, nicht zum Affen. Zum Narren. Und der Narr spiegelt die Torheiten der anderen.

Übung 27

Schreiben Sie nun auf, was man Ihnen so im Laufe der letzten Monate vorgeworfen hat. Wir alle werden ständig mit den Raubautzigkeiten unserer Mitmenschen konfrontiert. Da kommt eine Menge Übungsstoff zusammen. Nehmen Sie sich irgendein unscheinbares Wort heraus und »philosophieren« Sie darüber, weise lächelnd. Wenn Sie in Schwung kommen, macht das sehr viel Spaß. Und noch mehr, wenn Sie sich mit einer Person Ihres Vertrauens gegenseitig Beleidigungen an den Kopf werfen und darauf mit der Philosophie-Methode reagieren.

Wenden wir uns der Judo-Methode zu. Hierbei geht es – wie bei der Sportart Judo – nicht darum, den anderen einfach umzuhauen. Vielmehr soll die Angriffskraft des Gegners für den eigenen Angriff genutzt werden. Oder einfacher: Die Vorwürfe, Unterstellungen und Beleidigungen werden inhaltlich ohne Wenn und Aber akzeptiert. Jawohl, Sie haben richtig gelesen. Ab sofort vergessen Sie alle Rechtfertigungsversuche, sondern bestätigen einfach die Vorwürfe. Allerdings äußerst übertrieben und damit humorvoll – als paradoxe Intervention. Zum Beispiel so:

»*Haben Sie zugenommen?*« – »*Und wie! Ich habe mir jetzt ein Familienzelt als Wintermantel bestellt. Très chic.*«

»Ich finde, Sie trinken zu viel!« – »Ich weiß! Der Verein Deutscher Winzer behauptet, meine Bestellungen hätten 50 Prozent seines Umsatzes ausgemacht. Ich bin jetzt seine Werbe-Ikone. Wegen meiner roten Nase!«

»Ihr Kleidungsstil ist einfach geschmacklos.« – »Ja, da haben Sie recht. Was soll ich machen? In der Altkleidersammlung gibt es nichts anderes.«

»Sie haben keinerlei Ehrgeiz!« – »Nein, ich bin gänzlich ohne Ehrgeiz. Warum soll ich was erreichen wollen? Es geht doch auch so mit Ihnen als Kollege.«

»Sie sind egoistisch!« – »Ja, ich bin sogar so egoistisch, dass ich meinem Baby jedes Mal sein Fläschchen klaue. Schmeckt mir einfach zu gut.«

»Sie sehen aber heute schlecht aus!« – »Offensichtlich. Eben ist Herr Müller vom Beerdigungsinstitut um die Ecke hinter mir hergerannt. Er dachte, ich wäre eine Leiche, die ihm ausgebüxt ist.«

Übung 28

Erfinden Sie nach dem Judo-Prinzip Antworten, erst einmal im stillen Kämmerlein. Und dann, wenn Sie sich trauen, probieren Sie die Antworten am lebenden Objekt aus. Es wird sprachlos sein!

Die Columbo-Methode hat ihren Namen tatsächlich vom TV-Kommissar Columbo. Sie werden sich vielleicht erinnern: Kommissar Columbo wirkte bei der Lösung seiner Fälle immer leicht vertrottelt. Und devot. Im Gespräch mit seinen Gegnern – und späteren Opfern seines kriminalistischen Spürsinns – bewunderte er rückhaltlos deren scheinbare Fähigkeiten und Überlegenheit. Die Columbo-Methode gibt Ihnen also die Möglichkeit, auf verbale Angriffe mit konsequenter Bewunderung des Angreifers zu reagieren. Ironisch natürlich! Hier einige Beispiele:

Der Chef zum Mitarbeiter: »*Wenn Sie keine besseren Lösungen haben, frage ich mich, was Sie in unserem Unternehmen zu suchen haben. Sie sind einfach ein Loser.*«
Antwort: »*Ich kann noch so viel von Ihnen lernen. Ihre Art, Dinge auf den Punkt zu bringen und ohne Umschweife sofort zur Sache zu kommen, macht Sie einfach zur idealen Führungskraft. Ich bin sehr, sehr froh, nach so langer Zeit endlich ein Vorbild gefunden zu haben.*«

Die Freundin zur »besten Freundin«: »*Dieses Kleid steht dir überhaupt nicht! Und die Farbe ist auch furchtbar. Du siehst aus wie eine rosa Presswurst.*«
Antwort: »*Ich danke dir für dein ehrliches Feedback. Normalerweise wäre ich ja jetzt beleidigt. Aber von dir kann ich es annehmen. Ich weiß, du bist eine Person, die nicht nur für ihre Stilsicherheit, sondern auch für ihre Sensibilität und Wertschätzung berühmt ist.*«

Der Abteilungsleiter brüllt seine Assistentin an, weil er bestimmte Unterlagen nicht findet: Die Assistentin sagt mit verschleierter Stimme: »*Wissen Sie eigentlich, dass ich es sehr mag, wenn starke Männer streng zu mir sind?*« Glauben Sie mir, der Mann schreit nie wieder.

Übung 29

Bitte erfinden Sie nun auf die Beleidigungen und Vorwürfe, die als Beispiele bei der Beschreibung der Judo-Methode genannt sind, Antworten im Columbo-Stil. Sollten Sie das Gefühl haben, so auf keinen Fall jemandem kontern zu dürfen, ist das okay. Verwerfen Sie trotzdem keine Idee. Vielleicht ist sie tatsächlich im Moment nicht realitätstauglich. Aber wer weiß, irgendwann kommt die passende Gelegenheit für Ihre wunderschöne Replik.

Mittlerweile müssten Sie stadtbekannt sein. Das Highlight jeder Veranstaltung. Gefürchtet und geachtet wegen Ihrer Eloquenz. Zu guter Letzt präsentiere ich Ihnen nun noch die Gaga-Übung. Hierbei geht es darum, völlig ohne Sinnzusammenhang irgendeine Antwort zu geben. Schauen Sie als Anregung in Ihre Sprichwörter, Klischee- und Witzesammlung.

Sie werden angeraunzt, zum Beispiel im Bus: »*Nun bewegen Sie doch mal Ihren Hintern zur Seite. Hier kommt ja keiner durch.*«

Darauf können Sie jetzt antworten mit:

»*Toi, toi, toi!*«
»*Der frühe Vogel fängt den Wurm.*«
»*Ich wollt, ich wär ein Huhn …*«
»*Ringförmiger Darmverschluss, gratuliere!*«
»*Pausbäckige Putte!*«

Diese Gaga-Antworten kommen scheinbar leicht daher. Tatsächlich aber ist es sehr schwer, sie im passenden Moment zu erfinden. Stehen sie doch in keinem Zusammenhang zum vorher Gesagten. Sie kommen tief aus unserem humoristischen Innenleben. Versuchen Sie es einmal! Gerne alleine und noch viel lieber in fröhlicher Runde. Sie werden Tränen in den Augen haben vor Lachen. Und mit jedem »Gagaismus« zum Olymp der Schlagfertigkeitsprofis aufsteigen.

Humor macht konfliktfähig

Vielleicht sind Ihnen beim Lesen des letzten Teilkapitels Zweifel gekommen: Könnten solch schlagfertige Antworten, und seien sie noch so humorvoll, nicht erst recht zu heftigen Reaktionen Ihres Gegenübers führen? Ist es deshalb zu gewagt, so provozierend zu agieren? Wer will sich schon noch mehr Ärger einhandeln?

Eines vorweg: Es ist absolut unmöglich, Beleidigungen, Kritik und Konflikten dauerhaft auszuweichen. Es sei denn, Sie leben auf einer einsamen Insel, und solange nicht die Aida anlegt, müssen Sie sich nur mit sich selbst herumschlagen (was ja auch schon schlimm genug sein kann). Wenn Menschen aufeinandertreffen, treffen eben auch unterschiedliche Bedürfnisse und Ansichten aufeinander. Und das führt zu Konflikten.

Ohne Konflikte gäbe es keine Weiterentwicklung – persönlich, gesellschaftlich, politisch. Konflikte schmerzen. Deshalb haben die meisten Menschen schreckliche Angst vor ihnen. Angst, angegriffen und verletzt zu werden. Und noch viel mehr Angst, sich zu wehren. Denn wer sich wehrt, kann Sanktionen ausgesetzt werden. Also hält man lieber still. Damit gibt man dem anderen aber die Erlaubnis, einen auch in Zukunft unangemessen zu behandeln. Das kann niemand wirklich wollen.

Konflikte gehören zum Leben.

Wenn Sie mit rationalen Argumenten versuchen, den Angreifer zum Einlenken zu bewegen, befinden Sie sich in der Verteidigungsposition. Und wer sich verteidigt, hat schon verloren!

Sie können natürlich auch sofort aggressiv reagieren. Unter Umständen zieht der andere sich dann verletzt zurück. Und beginnt hinter Ihrem Rücken die Stimmung gegen Sie anzuheizen. Oder er reagiert noch aggressiver als Sie. In diesem Falle kann der Konflikt eskalieren. Dann haben Sie wirklich ein Problem. Eines, das Ihnen Ihre Energie rauben wird. Eins, das Sie vielleicht nicht ohne Verluste lösen können. Denn bei einer Eskalation verlieren letztlich beide Parteien. Sie werden die Niederlage einander nicht verzeihen!

Stellen Sie sich also folgende Frage: »Bin ich es mir wert, Grenzen zu setzen? Dem anderen ein ›Bis hierher und nicht weiter‹ zu signalisieren?« Lautet Ihre Antwort »Ja«, werden Sie in Kauf nehmen müssen, nicht von jedem auf der Welt gemocht zu werden. Wer Zivilcourage zeigt, eine eigene Meinung bekundet, »Nein« sagt, ist nicht bequem für andere. Unter uns: Na und? Besser so! Gegner muss man sich auch verdienen!

Angenommen, Ihr Chef verlangt von Ihnen eine Zusatztätigkeit. Diese Zusatztätigkeit ist nur mit Überstunden zu bewältigen. Diese sollen aber vermieden werden. Das ist allgemein bekannt. Sie befinden sich also in einem Dilemma. Das weiß auch Ihr Chef. Vermutlich steht er selbst unter Druck und gibt den Druck an Sie weiter. Erklärungen bringen Sie nicht weiter, Arbeitsverweigerung natürlich auch nicht. Ihre einzige Möglichkeit besteht darin, humorvoll zu kommunizieren. Sprechen Sie das Tabuthema »Überstunden« an. Von Mensch zu Mensch. Natürlich ohne Ihre beiden Rollen im Unternehmen zu missachten:

»Liebe Frau Müller, ich kann unheimlich viel. Ich kann sogar zaubern. Aber ich kann keine Wunder vollbringen. Die Aufgabe kann ich nicht ohne Überstunden übernehmen. Ich soll aber keine machen! Das entspricht in etwa der Quadratur des Kreises. Ich brauche Ihre Hilfe. Sie haben immer kreative Ideen. Als Führungskraft. Was soll ich tun?«

Mit dieser Reaktion haben Sie die Lösung des Problems an Ihre Führungskraft zurückdelegiert. Um eine solche Aufgabe erfüllen zu können, brauchen Sie die entsprechenden Arbeitsbedingungen. Diese zu gewährleisten, ist eine Führungsaufgabe. Sie haben selbstbewusst Ihre Meinung vertreten. Sich kooperationsbereit, lösungswillig und wertschätzend gezeigt. Und darauf geachtet, dass Frau Müller nicht ihr Gesicht verliert. Das nenne ich Konfliktbewältigung mit Humor!

Kommen wir nun zur größten aller Ängste in Bezug auf Konflikte. Die Angst, mit einem Nein die Zuneigung eines anderen zu verlieren. Stellen Sie sich vor, ein Freund, eine Freundin benutzt Ihre Freundschaft dazu, sich dauernd von Ihnen Geld zu leihen, ohne es zurückzugeben. Und ein Verwandter bringt Sie dazu, mit Hinweis auf seine Einsamkeit, ihn permanent einzuladen. Wobei er, einmal in Ihrer Wohnung, an allem, was Sie tun oder sind, herumkrittelt. Glauben Sie wirklich, dass diese Menschen es ausschließlich gut mit Ihnen meinen? Glauben Sie, sie könnten nicht anders handeln, weil sie so finanziell gebeutelt bzw. entsetzlich einsam seien? Glauben Sie, nicht »Nein« sagen zu dürfen, weil es Ihnen nicht so schlecht geht? Sie dürfen sehr wohl »Nein« sagen. Ist es nicht eher so, dass die beiden nur ihre Interessen durchsetzen wollen? Mit Hinweis auf eine enge Beziehung, die als moralische Keule daherkommt? Klartext zu sprechen, erscheint mir hier sehr angebracht. Allerdings laufen Sie dabei Gefahr, Ihren Gesprächspartner zu kränken. Vermutlich werden Sie eine lange Diskussion führen müssen. Und zum Schluss vor lauter schlechtem Gewissen nachgeben. Sie können es natürlich auch mit nonverbalen Zeichen versuchen wie Augenverdrehen oder mit paraverbalen Signalen wie Stoßseufzen, sobald der andere mit seinem Ansinnen auf Sie zukommt. Er wird nicht darauf reagieren. Wetten?

Intervenieren Sie daher mit Humor. Sie signalisieren ein klares »Nein«, ohne den anderen zu brüskieren. Zum Beispiel so:

»Oh, das ist jetzt blöd, ich wollte eigentlich dich anpumpen. Ich bin total pleite. Ich brauche dringend 3000 Euro. Und dein Auto. Jetzt.«

Oder: *»Ich besitze einen wunderschönen Hut. Den schenk ich dir.*
Wir gehen heute zusammen in unsere Stammkneipen, du trägst traurige Gedichte über die Wirtschaftskrise vor und ich sammle für dich Geld.«

Auch auf den Verwandten kann man »komisch« reagieren:
»Ich befinde mich mitten in einer meditativen Kontemplationsphase.
Ich darf deshalb keine Menschen um mich haben.«

Oder: *»Weißt du, ich werde dauernd so viel bestätigt und bewundert.*
Ich habe schon Angst, dass ich den Boden unter den Füßen verliere.
Kennst du das? Da ist es immer toll, wenn du kommst. Deine Kritik erdet mich. Normalerweise. Heute aber kommt mein Fan-Klub vorbei. Geht nicht, tut mir leid.«

Wenn Sie Glück haben, hört Ihr Gesprächspartner irritiert auf zu insistieren. Dann sind Sie das Problem los! Oder aber er insistiert weiter. Dann brauchen Sie einfach nur noch »Nein« zu sagen. Ohne Erklärung. Aber deutlich. Souverän. Gerne mit einem Lächeln. Niemand auf der Welt kann von Ihnen verlangen, sich für Ihre Haltung zu rechtfertigen.

Humor verwandelt

Bis in dieses Kapitel sind Sie meinen Ausführungen und Übungen humorvoll gefolgt. Sie haben Empathie gezeigt, Ihren Blick geschärft, blitzschnell Verbindungen hergestellt, mit Sprachwitz geglänzt, Konfrontationen standgehalten, Freude verbreitet und Spaß erlebt. Und warum ist Ihnen das gelungen? Weil Sie den Mut zu einem Wagnis hatten! Dem Wagnis, Ihr Humorpotenzial zu entwickeln.

Mut zum Wagnis ist eine gute Voraussetzung dafür, mit den Wechselfällen des Lebens angstfreier und flexibel umgehen zu können. Denn Wechselfälle bestimmen nun einmal das Leben. Ob es uns gefällt oder nicht: »Beständigkeit liegt nur im Wandel«, um Arthur Schopenhauer zu zitieren. In einer immer komplexer werdenden Welt ändern sich die Lebensumstände viel rasanter als früher. Die Kunst des Lebens besteht darin, die Veränderungen zu akzeptieren und sie als Herausforderung zu begreifen. Humor ist dabei die geeignete Methode, diese Kunst zu erlernen.

Meistens ist das, was uns im Alltag geschieht, eher profan: Wir verpassen den Zug. Unser Koffer erreicht den Flughafen nicht. Die Perlenkette reißt, mitten in einem Meeting. Der Einkaufswagen kippt um. Das Portemonnaie befindet sich in der anderen Tasche. Der Geldautomat schluckt die EC-Karte. Die Telekom bucht zu viel vom Konto ab. Das Callcenter lässt einen stundenlang in der Warteschleife schmoren. Die Handwerker kommen nicht. Die Toilette verstopft im denkbar ungeeignetsten Moment.

Letzteres ist mir übrigens passiert: Ich sollte auf der WoMenPower 2010 in Hannover einen Workshop halten mit dem Titel »Führen mit Humor«. Zu dieser Zeit war gerade auf Island der Vulkan Eyjafjallajökull ausgebrochen. Sein Aschestaub behinderte den europäischen Flugverkehr. Ich stand an jenem Morgen gegen 6.00 Uhr auf, freudig erregt und ein bisschen nervös. In diesem Falle, wir wissen es alle, verstoffwechseln Menschen schneller. Das heißt: Ich frequentierte hin und wieder und immer öfter die Toilette. Irgendwann hatte die wohl genug. Sie spielte nicht mehr mit. Und quoll über. Bitte schön! Eine verstopfte Toilette mit all den hier unbeschreibbaren Unannehmlichkeiten! Und ich sollte in ein paar Stunden geistreich und humorvoll auf der Bühne stehen! Dass das »Rohrfrei« natürlich just in diesem Moment zur Neige ging, versteht sich von selbst. Auch die naheliegende Lösung, das Bad der Nachbarn zu benutzen, erwies sich um diese Uhrzeit als nicht realisierbar. Da fiel mir der Spruch »Aus Sch… Gold machen« ein. Und den nahm ich als Motto für meinen Workshop. Er hatte keine Wahl mehr, der Workshop. Er musste einfach erfolgreich werden. Und das tat er dann auch. Meine Begrüßungssätze lauteten übrigens: »Ich freue mich, dass Sie alle trotz des Ausbruchs des Eyjafjallajökull problemlos in Hannover gelandet sind. Ich allerdings bin ein Opfer des Vulkans geworden. Heute Morgen um 6.00 Uhr hat er mit seiner Aschewolke meine Toilette verstopft.«

Wie kann man nun üben, mehr Gelassenheit und Humor in solchen und ähnlichen Situationen zu entwickeln? Ganz einfach!

Übung 30

Stellen Sie sich zwei oder drei Situationen vor, in denen Ihnen Unangenehmes widerfahren ist. Wie haben Sie sich gefühlt? Waren Sie wütend oder eher deprimiert? Nun versuchen Sie das Komische an der Situation zu finden. Stellen Sie sich einfach vor, einem anderen wäre das passiert. Wie würden Sie reagieren? Normalerweise mit Mitgefühl und ein bisschen Schadenfreude.

Also: Ihr Geldbeutel wird gestohlen. Mit allen Papieren. Das ist wahrlich kein Spaß. Der Stress, die Unkosten! Aber anstatt zu lamentieren oder in tiefe Depression zu verfallen (was Ihnen überhaupt nichts nützt), können Sie sich mit einer Prise Sarkasmus aufmuntern: »Was soll's! Auf den Fotos im Führerschein und im Personalausweis hat mich sowieso keiner mehr erkannt. Irgendwann hätte man mich als Terrorist verhaftet. Jetzt gönne ich mir erst einmal eine funkelnagelneue Porträtserie. Und deswegen gehe ich jetzt zum Friseur. Besondere Ereignisse erfordern besondere Maßnahmen. Wenn schon Geld ausgeben, dann für mich!«

Natürlich wird die Angelegenheit dadurch nicht besser, aber Ihre Einstellung dazu, Ihre Laune und die Geschwindigkeit, mit der Sie zur Lösung kommen. Eigentlich ganz einfach. Sie entscheiden, wie Sie sich fühlen!

Veränderungen machen Angst. Immer. Bei Veränderungen, von denen man die negativen Auswirkungen kennt, wie etwa bei schweren Krankheiten, Trennungen, Arbeitslosigkeit, ist die Angst nur natürlich. Es gibt aber auch die prophylaktische Angst vor Veränderung. Man weiß nicht, was kommt, vermutet aber, dass es negativ sein wird. Sehr viele Menschen verbringen sehr viel Zeit und Energie mit pessimistischen Zukunftserwartungen. In beiden Fällen gilt: auf keinen Fall die eigenen Ängste unterdrücken! Angst ist ein Warnsignal für Gefahr. Und das ist gut so! Solange Angst dazu führt, konstruktive Lösungen zu finden, ist sie produktiv.

Heute weiß man, dass Angst einer der größten Motivationsfaktoren für Erfolg sein kann. Wenn die Angst aber lähmt, wird sie gefährlich. Vor Angst wie erstarrt zu sein, kann zur Folge haben, sich nicht mit der neuen Situation auseinanderzusetzen. Oder falsche Entscheidungen zu treffen. Auf jeden Fall aber nicht die geistige Flexibilität für intelligente Lösungen aktivieren zu können.

Auch die Veränderungen, die Positives verheißen, weil sie Erfolg nach sich ziehen, ängstigen. Hier überwiegt einerseits die Befürchtung, dass nichts mehr sein wird, wie es ist. Andererseits wächst die Angst vor der eigenen Courage – der Courage, ganz wundervoll, großartig, strahlend und erfolgreich zu sein. Dann schleicht sich die Angst an und fragt: Steht mir das denn überhaupt zu?

Nelson Mandela hat zu diesem Phänomen Folgendes in seiner Antrittsrede als Staatspräsident von Südafrika 1994 gesagt:

»Unsere tiefgreifendste Angst ist nicht, dass wir ungenügend sind. Unsere tiefste Angst ist, über das Messbare hinaus kraftvoll zu sein. Es ist unser Licht, nicht unsere Dunkelheit, das uns erschreckt. Wir fragen uns, wer bin ich, mich brillant, großartig, talentiert, fantastisch zu nennen? Aber wer bist du, dich nicht so zu nennen? Du bist ein Kind Gottes. Dich selbst kleinzuhalten, dient nicht der Welt. Es ist nichts Erleuchtendes daran, sich so kleinzumachen, dass andere um dich herum sich nicht sicher fühlen. Wir sind alle bestimmt, zu leuchten, wie es die Kinder tun. Wir sind geboren worden, um den Glanz Gottes, der in uns ist, zu manifestieren. Und wenn wir unser eigenes Licht erscheinen lassen, geben wir unbewusst anderen Menschen die Erlaubnis, dasselbe zu tun. Wenn wir von unserer eigenen Angst befreit sind, befreit unsere Gegenwart automatisch andere.«

Ich kenne viele Menschen, deren Leben sich plötzlich äußerst positiv verändert hat: Sie haben sich in einer anderen Stadt verliebt, sind wegen eines tollen beruflichen Angebots nach Australien ausgewandert, haben mehrere Karrierestufen gleichzeitig genommen, als Künstler den Erfolg erreicht, den sie schon immer ersehnt hatten, eine Familie gegründet, geerbt, im Lotto gewonnen und vieles mehr. Die meisten stellten sich die Frage, ob sie diesen Wandel in ihrem Leben überhaupt verdient hätten. Und natürlich hatten sie Sorge, ob denn ihr Abenteuer gut ausgehen würde. Aber sie haben sich durch den Wandel selbst verändert und alle Zweifel und Freuden mit Humor genommen. Ihr Leben wurde reicher. Und sie dem Leben gegenüber dankbarer.

Wir können Veränderungen nicht kontrollieren. Machen wir uns stattdessen bereit, humorvoll mit dem Wandel umzugehen.

Ich kenne aber auch viele Menschen, die Schicksalsschläge hinnehmen mussten. Ich kenne Menschen, die Trennungen und Verluste erlebt haben, Menschen, die schwere Krankheiten bekamen, Menschen, die arbeitslos oder gar insolvent wurden. Ich weiß um ihre Trauer, Angst, Sorge, Verzweiflung und ihre Scham. Und ich habe erlebt, wie viele von ihnen ihr Schicksal angenommen haben: Nach einer Phase der Trauer und Wut haben sie es akzeptiert, versucht das Beste daraus zu machen und einen neuen Blick auf das

Leben gewonnen. Sie betrachteten ihr Dasein mit philosophischem Humor.

Untrennbar zum Humor gehören Schmerz und Wahrheit. Der humorvolle Mensch akzeptiert Ängste und Sorgen. Er spricht sie aus: mitfühlend, heiter, ironisch, provokativ, komisch – je nachdem. Das befreit. Und schafft Distanz.

Mir selbst ist vor 11 Jahren eine sehr große Veränderung widerfahren. Zu diesem Zeitpunkt arbeitete ich selbstständig als Coach und Trainerin. Von einem Tag auf den anderen bekam ich Schmerzen. Ich erinnere mich, dass ich selbstironische Witze übers Altern zum Besten gab. Vor allem, als ich bemerkte, wie schwer es mir fiel, von einem Stuhl aufzustehen. Mir taten alle Knochen weh. Irgendwann ging ich zum Arzt und der diagnostizierte Rheuma, genauer chronische Polyarthritis. Ich erklärte den Arzt für verrückt. Wahlweise für einen Stümper. Was ich ihm auch mitteilte. Leider änderte das gar nichts an seiner Diagnose. Ich hatte natürlich überhaupt keine Ahnung von der Krankheit. Rheuma war für mich, wie für viele in meiner Umgebung, eine Alterserscheinung. Die man mit Tee oder Aufenthalten auf Gran Canaria kuriert. Deshalb hat man mit Rheuma auch gar keine Chance auf angemessenes Mitleid. Das, was ich meistens zu hören bekam, lautete: »Sie sind doch noch gar nicht so alt!« Da bekommen Sie eine Krankheit, die Sie im wahrsten Sinne des Wortes alt aussehen lässt. Und Sie schämen sich auch noch, dass Sie sie so jung bekommen haben. Das an sich ist im Rückblick schon komisch. Damals war ich total beleidigt und sehr wütend. Auf alle und jeden und vor allem auf mich. Nach zwei Jahren wurde die Krankheit so schlimm, dass ich meinen Beruf aufgeben musste. Ich konnte nicht mehr arbeiten, saß eine Zeit lang im Rollstuhl und war nicht in der Lage, auch nur eine Tasse Kaffee anzuheben. Ich wurde erwerbsminderungsberentet. Und das ich! Der absolute Super-GAU für eine Freiberuflerin! Mit Anfang 40 Rentnerin! Das Leben war vorbei! Dachte ich. Und die Reaktionen meiner Umwelt? »Sie sind doch noch so jung!« Ehrlich! Ungefähr zu diesem Zeitpunkt begann ich meine Situation zunehmend mehr mit Humor zu betrachten. Die Tatsache, dass mir so etwas widerfuhr, war einfach zu komisch.

Die Krankheit brachte mich in komplett absurde Situationen. Sie glauben gar nicht, was man alles mit den Zähnen tun kann, wenn die Hände keine Kraft mehr haben. Das absolute Wunder daran ist, dass die Zähne bei all diesem Missbrauch unverbrüchlich im Mund bleiben. Ich bedanke mich an dieser Stelle ausdrücklich bei meinem Beißwerkzeug! Und meiner Zahnärztin!

Eines Tages erhielt ich Informationsmaterial über den Umgang mit der Krankheit. Ein Flyer hatte das Thema Sexualität zum Inhalt. Er erklärte, wie zwei Rheumatiker miteinander mehr oder weniger schmerzfrei Sex genießen könnten. (Ich weiß, ein ernstes Thema.) Es wurden alle möglichen Stellungen en détail beschrieben. Das Problem war nur, dass ich mich nicht in der Lage sah, diese Stellungen nachzuvollziehen. Geschweige denn, ohne größere Schäden einzunehmen. Ich kann mir bis heute nicht vorstellen, dass zwei gesunde Menschen in der Lage sind, sich dermaßen zu verrenken. Geschweige denn zwei kranke. Vermutlich bin ich zu alt. Das Kamasutra jedenfalls ist dagegen ein Bilderbuch für Kinder! Ich habe versucht, diese Stellungen mit einem platonischen (!) Freund, einem Schauspieler, im Selbstversuch nachzustellen. Ich wollte nämlich ein Theaterstück über mich und mein Rheuma schreiben. Ich halte es heute noch für besonderes und unverdientes Glück, dass wir uns entknoten konnten. Wir haben Tränen gelacht! Und ich das Theaterstück geschrieben. Ohne das Thema Sexualität auch nur zu streifen.

Freunde nahmen mich eines Tages auf eine Open-Air-Kulturveranstaltung mit. Wunderbare Kleinkunst, die man sich allerdings erlaufen musste. Da ich aber nicht sehr lange gehen konnte, hatten meine Freunde einen kleinen Camping-Klappstuhl mitgenommen. Diese Stühle sind extrem niedrig. Der Trick ist, sich einfach fallen zu lassen und zu hoffen, dass man unbeschadet die Sitzfläche erreicht. Genau das tat ich beim Abschlussfeuerwerk. Ich ließ mich auf mein Stühlchen fallen. Und das war's! Von dem Feuerwerk habe ich nie etwas gesehen. Dafür aber alle Kniekehlen der umstehenden Zuschauer. Ich weiß nun sehr genau, wie sich ein Dackel fühlt. Ob Sie es mir glauben oder nicht: Ich habe irgendwann an diesem Abend einfach vor mich hin gebellt. Es war einfach zu komisch.

Vielleicht wirkt mein Umgang mit der Krankheit auf Sie verrückt. Aber genau das hat mich gerettet. Ich habe die Situation »ver-rückt«. Verwandelt. Indem ich mich weigerte, mich selbst mental und körperlich diesem Schicksal zu überlassen. Ich wollte eine Perspektive für die Zukunft. Ich gebe zu, ich war schon immer ein ziemlich humorvoller Mensch. Aber Humor zu entwickeln in einer solchen Situation, besitzt eine andere Dimension. Ich konnte wirklich über meine Situation lachen. Um es kurz zu machen: Irgendwann ging es mir deutlich besser und es kam der Tag, an dem ich wieder arbeiten konnte. Diesmal war ich weder zu jung noch zu alt. Ich war genau im richtigen Alter. Im richtigen Alter, um mit Humor als Konzept und Erfolgsstrategie zu arbeiten.

Humor macht Sie einzigartig

Jeder Mensch besitzt ein ganz eigenes Humorpotenzial. Ein HUP. Er entwickelt es aus seiner Biografie, seinen Vorlieben, Talenten, Stärken, Schwächen, Erfahrungen, Ausbildungen, beruflichen und privaten Erfolgen und Misserfolgen. Deshalb ist auch die Art und Weise, wie er sein Humorpotenzial nutzt, einzigartig. Beobachten Sie einmal Komiker. Sie werden keine zwei finden, die sich gleichen. Die Misfits waren unverwechselbar, Cindy von Marzahn ist es wahrlich auch, Georg Schramm und Eckart von Hirschhausen gelten beide als Kabarettisten, aber zwischen ihnen liegen Humorwelten. Genauso wie zwischen Loriot und Helge Schneider, Bastian Pastewka und Kurt Krömer, Anke Engelke und Hella von Sinnen.

Die Einzigartigkeit bezieht sich nicht nur auf Inhalt und Form des Humors. Der humorvolle Mensch ist per se einzigartig. »Sind das nicht alle Menschen?«, könnten Sie fragen. Die klare Antwort lautet »Jein!«. Natürlich ist jeder Mensch schon durch seine Gene ein Unikat. Dennoch sind die meisten Menschen einander ähnlicher, als es ihnen lieb ist. Das liegt daran, dass wir alle von unserer Kultur, unserer Gesellschaft, unserer Umgebung ähnlich geprägt sind. Jede

Nation unterscheidet sich von der anderen, wie immer wieder Debatten über Migration und Integration beweisen. Auch das soziale Umfeld, unser Bildungsniveau und unsere Geschlechtszugehörigkeit prägen uns und bestimmen unsere »Mitgliedschaft« in bestimmten Gruppen.

Menschen brauchen Gruppen. Sie geben uns Identität und Schutz. Deswegen ist es klug, sich dem Gruppenkonsens entsprechend zu verhalten. Man fällt nicht auf. Vor allem nicht negativ. Was aber passiert, wenn man in die falsche Gruppe geraten ist? Sich so gar nicht mit den Gruppenüberzeugungen identifizieren kann? »Anders« zu sein ist schmerzhaft. Ausgrenzung tut weh. Es reicht schon, nicht die gleiche Kleidung wie die anderen zu tragen. Ein Migrationshintergrund oder auch kein Migrationshintergrund kann ebenfalls ein Grund für Ausgrenzung sein. Leibesfülle, zu hohe oder zu niedrige Intelligenz, die »falsche« Figur, die »unpassenden« Freunde und unübliche Hobbys können über einen Ausschluss bestimmen. Mobbing funktioniert ähnlich. Hier kommen noch andere Kriterien hinzu wie Arbeitsstandards, Abteilungsklima, ungeschriebene Teamgesetze.

Menschen, die als »anders« gelten, fühlen sich selten als Unikat. Eher als hässliches Entlein. Ein Entlein, das so sein will wie alle Enten. Es rackert sich ab und rackert sich ab und schafft es nicht. Niemals. Keine andere Ente will mit ihm schwimmen. Keine in den Süden fliegen. Das hässliche Entlein ist furchtbar traurig darüber. Es gibt sich selbst die Schuld. Niemand hat ihm gesagt, dass es gar keine Ente ist. Sondern ein Schwan! Deshalb kann es sich gar nicht wie eine Ente benehmen! Die anderen Enten aber haben noch nie einen Schwan gesehen. Deshalb wissen sie auch nicht, wie sich Schwäne im Allgemeinen verhalten. Sie verspotten unseren kleinen Schwan als fett, unförmig und unsportlich. Eine Versager-Ente! Und dann auch noch der lange Hals! Hässlich! Der kleine Schwan im Entenclan bekommt natürlich keine Chance, sich als Schwan zu entwickeln. Geschweige denn seine »schwänischen« Stärken zu erforschen. Er gilt einfach als integrationsunwillig. Deshalb muss er sich alles, was auch nur entfernt nach Schwan aussieht, abtrainieren. Und sich alles »Entische« mühsam aneignen. So kann er wenigstens eine schlechte

Ente werden. Eine Ente, die ganz unten in der Rangordnung steht. Aber wenigstens eine Ente. Glaubt er.

Was aber ist tatsächlich aus ihm geworden? Eine Schwente! Nicht Fisch, nicht Fleisch. Nicht Schwan nicht Ente. Sie gehören nirgendwohin. Sie werden, wenn sie lange genug als Schwente gelebt haben, sogar von ihrer Ursprungsfamilie, den Schwänen, abgelehnt.

Schwenten sind wirklich ganz allein!

Wenn es der kleinen Ente aber gelingt, nur ein einziges Mal Schwäne in ihrer Schönheit und Eleganz zu beobachten, kann sie sich endlich selbst als Schwan erkennen. Als einzigartig im Ententeich. Sie findet zu ihrem wahren Wesen. Zu ihrer Bestimmung. Und ist stolz ein Schwan zu sein.

Was haben aber die Enten davon? Vor allem, wenn andere Schwäne zu Besuch kommen und von anderen Teichen, Seen und Meeren erzählen? Die Enten erfahren staunend, dass es unterschiedliche Spezies und Welten gibt. Dass sie sogar von den Schwänen lernen können. Schwäne haben gegenüber Enten einen entscheidenden Vorteil: Sie landen nicht im Backofen!

Gruppenzugehörigkeit bedeutet also in relativer Akzeptanz und Sicherheit sein Leben verbringen zu dürfen. Die einzige Bedingung lautet Anpassung. Die Gegenleistung Wir-Gefühl. Das ist der Grund, warum Menschen so gerne in Kochshows frenetisch klatschen. Zusammen natürlich. Und auf Befehl. Entschuldigung, auf Animation eines hauptberuflichen Claqueurs. Gemeinsam zu klatschen macht Spaß! Auch dem humorvollen Menschen. Aber bald wird ihm langweilig. Er fühlt sich manipuliert. Er beginnt die Situation zu reflektieren. Irgendwann applaudiert er nur noch, wenn ihm danach zumute ist. Dann bricht er in schallendes Gelächter und tosenden Applaus aus. Allein. Wenn alle anderen schweigen. Das fällt auf. Aber so ist es eben.

Wer humorvoll ist, empfindet oft genug das Verhalten seiner Gruppe als komisch und absurd. Sie lassen nicht denken. Sie denken selbst.

Humorvolle Menschen verschwinden nicht in der Masse. Stellen die Resultate ihrer Überlegungen humorvoll dar. Das macht sie einzigartig. Sie halten anderen Menschen einen Spiegel vor. Bringen sie zum Nachdenken. Zum Lachen. Vielleicht zu neuen Erkenntnissen. Über sich selbst.

Humor macht selbstbewusst

Selbstbewusstsein zu besitzen bedeutet die eigene Persönlichkeit verstanden zu haben. Mehr noch: sich selbst als eigenständige Persönlichkeit zu begreifen. Mit allen Stärken und Schwächen. Das ist die schwierigste und vornehmste Aufgabe, der sich ein Mensch stellen kann. Sie erfordert nicht nur Selbsterkenntnis. Was durchaus unangenehm sein kann. Sie erfordert Selbstverantwortung. Was für einige Menschen eine Zumutung darstellt. Anstatt zu überlegen, wie viel Unterstützung man von der Gesellschaft erhalten kann, stellt sich der selbstverantwortliche Mensch zwei Fragen:

1. Was kann ich selbst für das Gelingen meines Lebens bewirken?
2. Was kann ich anderen, der Gesellschaft geben?

Selbstverantwortung bedeutet auch das Getrenntsein zu akzeptieren. Getrenntsein von den Meinungen und Handlungen der Mehrheit. In der Erkenntnis, eine einzigartige Persönlichkeit zu sein, liegt eben Vereinzelung; »Ich bin anders als andere« ist eine schlichte Wahrheit. Daraus resultiert die persönliche Pflicht, eigene Stärken zu entwickeln. Und, jawohl, eigene Schwächen. Wenn Sie zum Beispiel aus einer Familie von passionierten Sportlern stammen, selbst aber die Bewegungslosigkeit lieben und sich für Astronomie begeistern, haben Sie ein Problem. Ihre Familie wird Sie von den positiven Seiten des Sports zu überzeugen versuchen. Konflikte sind da vorprogrammiert. Es wird dauern, bis Ihre Familie aufgibt.

Ein Selbstbewusstsein, das Krisen und Konflikten standhält und nicht als reine Show abgetan werden kann, ist erarbeitet. Und hat Konsequenzen in der Lebensführung. Humor zwingt dazu, das eigene Verhalten zu beobachten und zu analysieren. Und das der anderen. Humor basiert auf Empathie, Wertschätzung, einem tiefen Verständnis der menschlichen Seele, des menschlichen Denkens, Fühlens und Handelns.

Humor ist eine Strategie, mit der Sie Selbstbewusstsein erlangen.

Komiker stellen auf der Bühne oft Figuren dar, die für sich gesehen einzigartig sind. Das ist eine Humortechnik: Der Einzelne erzählt von seinen Auseinandersetzungen, seinem Scheitern an den Vielen. Cindy als »bildungsferne« Hartz-IV-Empfängerin berichtet beispielsweise über ihr Leben, ihr Versagen auf dem Weg zum Traummann und in die höhere Gesellschaft. Die Figur Cindy ist als Kunstfigur, als Karikatur einer Hartz-IV-Empfängerin einzigartig, das Leid dahinter teilen viele.

Selbstbewusstsein bedeutet auch, bestimmte Fähigkeiten entwickelt zu haben. Fähigkeiten, mit denen der Mensch sein Leben leichter meistert: eine gute Rhetorik, Kommunikationsstrategien, Menschenkenntnis, Konfliktbereitschaft, Motivationsfähigkeiten. Mit der Beherrschung dieser Soft Skills stellt sich die Überzeugung ein, das Leben ein Stück weit selbst gestalten zu können. Der humorvolle Mensch weiß um die Determiniertheit menschlichen Wirkens. Er weiß, dass der Fortschritt eine Schnecke ist. Aber er weiß auch, dass Schnecken sich bewegen.

Die Möglichkeit mit Menschen positiv und erfolgreich zu kommunizieren, ist mehr als ein Pluspunkt. Das kann karriereentscheidend sein und ist mit Sicherheit auch im Privatleben ein Gewinn. In Konflikten nicht unterzugehen, erhobenen Hauptes Grenzen gesetzt zu haben, macht selbstbewusst. Man kann nicht immer siegen. Aber gewinnen. Für sich selbst. An Respekt. Auch das stärkt das Selbstbewusstsein.

Machen wir uns nichts vor: Ohne Selbstbewusstsein wird es schwierig im Leben. Es nützt nichts, auf die Biografie, die schlechten Erfahrungen als Grund für die eigene Unsicherheit zu verweisen. Irgendwann muss man Selbstverantwortung übernehmen. Wenn die auch noch Spaß macht, kann eigentlich nichts mehr schiefgehen.

Als vor über 20 Jahren der Intendant Eberhard Witt das Staatsschauspiel Hannover übernahm und es von einem krisengeschüttelten drittklassigen Theater in die Höhen der ersten Theaterliga führte, arbeitete ich schon dort. Allerdings nicht als Produktionsdramaturgin, sondern als Dramaturgin im Öffentlichkeitsreferat. Das galt als zweitklassig in der Dramaturgenhierarchie. »Ich bin ja noch jung, meine Zeit wird noch kommen«, dachte ich. Ich hatte ein PR-Konzept entwickelt: Junge Menschen waren damals am Staatsschauspiel Hannover nicht sonderlich interessiert. Schon gar keine Studenten. Die fuhren lieber in die Hamburger Theater. Ich knüpfte also Kontakte zur Universität Hannover und hielt zusammen mit einem Professor der Germanistik sehr gut frequentierte Theaterseminare. Das Ziel war natürlich, die Studenten für das Staatsschauspiel zu interessieren. Das gelang. Ich war sehr stolz darauf. Allerdings drohte mir nach dem Intendantenwechsel die Nichtverlängerung meines Vertrages, wenn auch noch nicht sofort. Das ist allgemein üblich. Der neue Chef bringt seinen künstlerischen Stab mit. Alle anderen Dramaturgen erhalten ihre Kündigung. Ich hielt mein Konzept »Theater und Universität« für kongenial und wollte es Eberhard Witt vorstellen. Der unterbrach meine Ausführungen mit den Worten, das interessiere ihn nicht die Bohne, er mache Theater und gäbe keine Seminare. Wumm! Ich antwortete ziemlich wütend, er könne mich und meinen Vertrag, der zu diesem Zeitpunkt nicht kündbar war, nicht ignorieren. Dann müsse er mich schon rausklagen! Gerne, antwortete er, kein Problem. Nicht gerade das, was man unter einer erfolgreichen Verhandlung versteht. Um Haltung ringend begann ich den Rückzug aus dem Intendantenbüro, als Eberhard Witt fragte, warum ich diese Seminare an der Uni überhaupt durchführen würde. Ich antwortete: »Weil es mir Spaß macht!«

Vier Wochen später wurde ich in die künstlerische Leitung des Staatsschauspiels Hannover berufen. Als erste Frau. Mit 29 Jahren. Zu einem Zeitpunkt, als es in den oberen Theaterhierarchien kaum Frauen gab. Eberhard Witt sagte später, ihn hätte meine Antwort beeindruckt. Ich kündigte übrigens nach einiger Zeit diesen Vertrag. Es machte mir keinen Spaß, in einer Organisation zu arbeiten, die Freude ausschließlich auf der Bühne präsentiert. Im zwischenmenschlichen Umgang aber Freude, Spaß und Wertschätzung als Faktoren definiert, die Disziplin und Leistung bedrohen. Auch wenn man es kaum glauben will: Theater wurden und werden immer noch ziemlich diktatorisch geführt.

Vielleicht fragen Sie sich, ob ich denn keine Angst gehabt hätte! Na klar hatte ich Angst! Zuerst sah ja auch alles danach aus, dass ich meinen Job verlieren würde. Doch der Spaß an meinem Beruf hat die Gefahr gebannt und zum Guten gewendet. Das ist mein Credo! Selbstbewusstsein schließt Angst nicht aus. Im Gegenteil, wenn man nicht weiß, wo

Wer Spaß an etwas hat, überwindet seine Angst.

die Risiken liegen, kann man auch keine Gegenstrategien entwerfen. Oder sich auf den schlimmsten Fall einstellen. Selbstbewusste Menschen haben genauso viel Angst wie alle anderen. Die Angst nagt an ihnen, aber sie lassen sich nicht von ihr beirren. Das ist der Unterschied.

Selbstbewusstsein heißt sich selbst zu vertrauen. Vor allem Vertrauen in die eigene Integrität zu besitzen. Zu wissen, dass man in Übereinstimmung mit den eigenen Emotionen, Fähigkeiten, Werten, Zielen, Vorstellungen und Visionen lebt. Genau dann hat Selbstvertrauen eine ausgesprochen angenehme Nebenwirkung: Wer sich selbst so vertraut, dem vertrauen auch die anderen.

Würden Sie einen Arzt konsultieren, der nicht in der Lage ist, Ihnen in die Augen zu schauen? Der Empfehlung eines Rechtsanwaltes folgen, der sich permanent am Hals kratzt? Einem Berater vertrauen, der die Energie eines nassen Handtuchs besitzt? Natürlich nicht!

Selbstvertrauen spiegelt sich in der Körpersprache wider. Selbstbe-wusste Menschen stehen mit beiden Beinen fest auf der Erde, ha-ben eine integrative Gestik und können den Gesprächspartnern in die Augen blicken. Ihr Selbstbewusstsein erträgt es sogar, ohne Bo-dyguards unterwegs zu sein! In einer der letzten DSDS-Sendungen erschien auf der Bühne ein junger Mann mit dem schönen Namen »Der Checker vom Neckar«. Dieser junge Mann besaß ein gesundes Selbstbewusstsein und jede Menge Humor, dafür aber keinerlei Ge-sangstalent. Was ihm selbst nicht unbekannt war, hatte Dieter Boh-len ihn doch in den vorausgegangenen Sendungen schon mehrmals hinauskomplimentiert. Der »Checker vom Neckar« machte sich also ein Späßchen und erschien mit zwei Bodyguards auf der Bühne. Die Herren stellten sich ganz in Türstehermanier, grimmig guckend und die Hände vorm Gemächt, rechts und links von ihm auf. Ich fand das sehr lustig. Und war mit meiner Einschätzung allein. Der »Checker vom Neckar« hob zu singen an, als Dieter Bohlen empört aufsprang. Nicht einmal große Stars erschienen mit Bodyguards auf der Bühne, was er sich denn einbilde, Sangesnull, Würstchen. Sie wissen schon, ungefähr in diesem Stil. Dieter Bohlen verließ tödlich beleidigt den immerhin öffentlichen Raum. Er fühlte sich von dieser selbstironi-schen Aktion brüskiert. Und hatte den Witz überhaupt nicht begrif-fen. Nun meine Frage an Sie: Wer besitzt mehr echtes Selbstbewusst-sein und Humor: der »Checker vom Neckar« oder Dieter Bohlen?

Humor macht fit

Humor ist ein Allroundmittel. Das Beste daran ist: Er kostet nichts. Deswegen sollte es uns viel wert sein, Humor zu entwickeln. Mit Humor bringt man nicht nur andere Menschen zum Lachen. Weit gefehlt! Man unterstützt gleichzeitig auch noch deren Gesundheit! Und sogar die eigene! Stellen Sie sich das einmal vor: Sie bereiten einem anderen Vergnügen und tragen zusätzlich zu seiner und Ihrer Gesundheit bei. Kennen Sie irgendetwas anderes, mit dem Ihnen das gelingt? Ich nicht! Schokolade gilt nicht!

Wer gesund ist, fühlt sich fit – körperlich und geistig. Ergo trägt Humor zu Ihrer geistigen und körperlichen Fitness bei. Woher man das weiß? In den 1960er-Jahren begründete William F. Fry die Gelotologie. Diese junge Wissenschaft beschäftigt sich mit den Dimensionen und Auswirkungen des Lachens. Sie haben sicherlich schon mal von Klinik-Clowns gehört. Es handelt sich um speziell ausgebildete Clowns, die in Krankenhäusern Patienten besuchen, um ihnen das Lachen zu schenken. Man hat nämlich festgestellt, dass Lachen eine schmerzstillende Wirkung hat, ja, Patienten in der Humortherapie sollen tatsächlich weniger Schmerzmittel benötigen.

Beim Lachen werden Glückshormone wie Serotonin ausgeschüttet. Die reduzieren die Stresshormone Cortisol und Adrenalin auf ein verträgliches und förderndes Maß. Man vermutet deshalb eine positive Wirkung auf das Immunsystem. Beim Lachen atmen wir tiefer, der Luftaustausch in den Lungen wird forciert. Zudem sind beim Lachen sehr viele Muskeln beteiligt. Zählen Sie mal nach! Ich kam auf ungefähr 300. Die Durchblutung wird gefördert und das beugt wiederum Herz-Kreislauf-Krankheiten vor.

Humor macht glücklich und stärkt die körpereigenen Abwehrstoffe.

Wer oft lacht, besitzt eine positive Grundhaltung zum Leben. Oder umgekehrt: Wer eine positive Grundhaltung zum Leben hat, lacht oft. Der Körper schüttet Dopamin aus und Dopamin beschert Ihnen gute Laune. Lachen Sie den Stress einfach fort! Aus psychosomatischer Sicht besteht die gesundheitsfördernde Wirkung des Lachens vor allem aus der Überwindung von Widrigkeiten. Wer eine positive Grundeinstellung hat, verharrt weniger lang und intensiv in akuten depressiven Phasen. Er findet leichter Lösungen und mentale Auswege. Ich weiß aus zahlreichen Selbstversuchen, dass es möglich ist, sich eine mentale heitere Stimmung anzutrainieren. Hier zwei ganz einfache Übungen.

Übung 31

Versuchen Sie fünf Minuten ruhig zu sitzen und nur zu lächeln. Sonst nichts. Konzentrieren Sie sich ausschließlich darauf zu lächeln. Sie werden sehen, dass Sie sich sehr schnell ausgeglichener und fröhlicher fühlen.

Übung 32

Stellen Sie sich in Ihr Zimmer und fangen Sie laut zu lachen an. Einfach so. Ein paar Minuten lang. Sie können förmlich spüren, wie Anspannung und Stress von Ihnen weichen und sich gute Laune breitmacht. (Wenn Sie lieber mit anderen Menschen lachen möchten, besuchen Sie einfach meine Humortrainings.)

Humor verändert Sie

So, liebe Leserinnen und Leser! Wir dürfen stolz auf uns sein. Den ersten Teil unserer Humorreise haben wir gemeinsam geschafft! Ich könnte mir vorstellen, dass es für Sie nicht immer einfach war. Es hat Sie sicherlich manchmal Überwindung gekostet. Und Mut. Aber das hatte ich Ihnen ja prophezeit. Sie waren bis hierhin großartig, die tollste Leserschaft, die man sich vorstellen kann. Immer wenn ich an Sie denke, muss ich lachen. Verstehen Sie das nicht falsch, natürlich wertschätzend lachen. Eher lächeln. Ich stelle mir einfach vor, wie Sie Ihren Humor entwickeln. Wie Sie dann Ihr Humorpotenzial in Ihr Privatleben einfließen lassen. Wie Ihr Humor Ihre Familie und Ihre Freunde verblüfft. Ich stelle mir vor, wie Sie Humor als Erfolgsstrategie in Ihrem Leben anwenden und sich verändern. Damit schenken Sie mir viel Spaß und Freude und motivieren mich! Zum Weiterschreiben. Zuvor möchte ich aber gerne das erste Kapitel mit Ihnen resümieren.

Wir haben festgestellt, dass Humor Spaß macht, intelligent ist, das Leben vereinfacht, den Blick schärft, Mitgefühl hat, Ihre Beliebtheit steigert, schlagfertig ist, konfliktfähig macht, verwandelt, Sie einzigartig und selbstbewusst werden lässt und letztlich sogar Ihre geistige und körperliche Fitness unterstützt. Wir können also mit Fug und Recht behaupten, dass Humor Sie verändert. Nun schauen wir uns noch mal alle Übungen an. Ich bitte Sie, die folgenden Fragen zu beantworten, damit Sie Ihre Entwicklung zum Humorprofi Schritt für Schritt nachvollziehen und Ihre Erfolge messen können.

Evaluationsfragen

1. Haben Sie die Übung durchgeführt?
2. Wie oft?
3. Welche Gefühle hat diese Übung bei Ihnen ausgelöst? Negativ? Positiv?
4. Wie haben Ihre Mitmenschen reagiert?
5. Hatten Sie Spaß bei den Übungen?
6. Führen Sie die Übungen fort?
7. Fielen Ihnen die Übungen beim Wiederholen leichter?
8. Haben Ihre Mitmenschen Ihr Verhalten Ihnen gegenüber verändert?
9. Haben die Übungen für eine positive Wirkung gesorgt?
10. Welche Veränderungen konnten Sie an sich selbst beobachten?

Übersicht über alle Übungen

Übung 1, Kapitel »Humor verändert Sie«, S. 21
Setzen Sie die rote Nase ab sofort mehrmals am Tag auf. Schauen Sie in den Spiegel und lächeln Sie sich an.

Übung 2, Kapitel »Humor verändert Sie« S. 22
Setzen Sie Ihre rote Nase auf, reichen Sie sich die Hand und gratulieren Sie sich selbst.

Übung 3, Kapitel »Humor macht Spaß« S. 24
Legen Sie ein Buch oder eine Datei an, die Sie »Meine Humortagebuch« nennen.

Übung 4, Kapitel »Humor macht Spaß« S. 26
Verknüpfen Sie alle möglichen Sprüche möglichst sinnfrei miteinander.

Übung 5, Kapitel »Humor macht Spaß«, S. 27
Partnerspiel: »Ja, genau!«

Übung 6, Kapitel »Humor macht Spaß«, S. 29
Das erweiterte »Ja, genau!«-Spiel.

Übung 7, Kapitel »Humor macht Spaß«, S. 31
Schreiben Sie alles auf, was Ihnen nicht an sich gefällt. Lesen Sie sich Ihre Schwächen laut und traurig vor. Schluchzen Sie ein paarmal übertrieben dabei und bemitleiden Sie sich.

Übung 8, Kapitel »Humor macht Spaß«, S. 31
Tanzen Sie Ihre Fehler und Schwächen zu einem fetzigen Rock 'n' Roll, zu Sambarhythmen oder als Cha-Cha-Cha! Zählen Sie dabei singend Ihre Defizite auf.

Übung 9, Kapitel »Humor macht Spaß, S. 32
Schreiben Sie hinter jede Schwäche, warum gerade diese Schwäche eigentlich eine Stärke ist. Lesen Sie sich Ihre Begründungen nun laut vor. Sie können sie auch singen oder tanzen.

Übung 10, Kapitel »Humor ist intelligent«, S. 34
Heben Sie bitte beide Hände an und legen Sie jeweils die Zeigefinger auf die Daumen. Nun berühren Sie bei beiden Händen gleichzeitig mit den Mittelfingern die Daumen, dann mit den Ringfingern und so weiter.

Übung 11, Kapitel »Humor ist intelligent«, S. 34
Heben Sie bitte wieder beide Hände an. Rechts legen Sie den Zeigefinger auf den Daumen. Links legen Sie den kleinen Finger auf den Daumen. Bewegen Sie die Finger jetzt in gegensätzlicher Richtung.

Übung 12, Kapitel »Humor ist intelligent«, S. 36
Wahrnehmungsübung: Stellen Sie sich ein Zebra vor!

Übung 13, Kapitel »Humor ist intelligent«, S. 37
Finden Sie Assoziationen zu Begriffen: Apfel, Pudel sowie Freiheit, Macht, Liebe.

Übung 14, Kapitel »Humor ist intelligent«, S. 39
»Das laufende Band«: Merken Sie sich zehn aufeinanderfolgende Gegenstände, indem Sie eine Geschichte erzählen, in der die Begriffe vorkommen.

Übung 15, Kapitel »Humor ist intelligent, S. 39
Erschaffen Sie Zusammenhänge, die eine komische Perspektive haben.

Übung 16, Kapitel »Humor ist intelligent, S. 40
Finden Sie möglichst abwegige Lösungen für abwegige Probleme.

Übung 17, Kapitel »Humor macht das Leben einfacher«, S. 43
Stellen Sie eine Liste auf, in der Sie beschreiben, was Sie im Leben nicht erreicht haben. Schreiben Sie bitte auf, wer aus Ihrem Bekanntenkreis genau das erreicht hat, was Sie sich wünschen.

Übung 18, Kapitel »Humor macht das Leben einfacher«, S. 45
Nehmen Sie einen Zettel und zeichnen Sie zwei Spalten. Auf der linken Seite beschreiben Sie, welche Tätigkeiten und Menschen Sie nicht

mögen. In die rechte Spalte schreiben Sie, wer oder was Sie mit tiefer Freude erfüllt. Was Sie unbedingt noch tun, noch erreichen wollen.

Übung 19, Kapitel »Humor macht Sie beliebt«, S. 52
Bereiten Sie Menschen in Ihrem Umfeld eine Freude. Zaubern Sie ein Lächeln auf ihre Gesichter. Mit kleinen Gesten, wenigen Worten.

Übung 20, Kapitel »Humor macht Sie beliebt«, S. 53
Loben Sie die Menschen in Ihrer Umgebung!

Übung 21, Kapitel »Humor macht Sie beliebt«, S. 53
Loben Sie wildfremde Menschen!

Übung 22, Kapitel »Humor macht Sie beliebt«, S. 54
Bringen Sie Ihre Mitmenschen zum Lachen! Erzählen Sie eine lustige Begebenheit, die Sie selbst erlebt haben oder die Sie bei anderen beobachtet haben.

Übung 23, Kapitel »Humor ist schlagfertig«, S. 59
Schreiben Sie nach der Behauptungs- und Belegformel vier Argumente auf.

Übung 24, Kapitel »Humor ist schlagfertig«, S. 60
Erzählen Sie sich (oder Ihren Mitspielern) eine Fantasiegeschichte.

Übung 25, Kapitel »Humor ist schlagfertig«, S. 61
Finden Sie schlagfertige Antworten auf Killerphrasen.

Übung 26, Kapitel »Humor ist schlagfertig«, S. 62
»Das Glasperlenspiel.«

Übung 27, Kapitel »Humor ist schlagfertig«, S. 64
»Die Philosophiemethode.«

Übung 28, Kapitel »Humor ist schlagfertig«, S. 65
»Die Judomethode.«

Übung 29, Kapitel »Humor ist schlagfertig«, S. 66

»Die Columbo-Methode.«

Übung 30, Kapitel »Humor verwandelt«, S. 72

Stellen Sie sich zwei oder drei Situationen vor, in denen Ihnen Unangenehmes widerfahren ist. Versuchen Sie das Komische an der Situation zu finden.

Übung 31, Kapitel »Humor macht fit«, S. 86

1. Versuchen Sie fünf Minuten ruhig zu sitzen und nur zu lächeln.

Übung 32, Kapitel »Humor macht fit«, S. 86

Stellen Sie sich in Ihr Zimmer und fangen Sie laut an zu lachen.

Und? Wie war es? Konnten Sie Ihre Fortschritte noch einmal erleben?

Bitte schauen Sie jetzt noch einmal auf die Fragen, die ich Ihnen ganz am Anfang, im Abschnitt »Wie Humor funktioniert«, stellte (S. 18):

- Haben Sie in der letzten Woche mindestens zweimal über sich selbst gelacht?
- Finden Sie an sich mehrere Charakterzüge oder Ticks oder Macken liebenswert komisch?
- Mögen Sie sich auch mit den meisten ihrer Schwächen?
- Können Sie in Erinnerung an Scheitern und Blamagen über sich selbst lachen?
- Sehen Sie in Ihrem Alltag viele komische Situationen?
- Können Sie über die Schwächen und Macken Ihrer Mitmenschen liebevoll lachen?
- Macht es Ihnen etwas aus, wenn man über Sie lacht?
- Sind Sie neugierig auf Menschen?
- Finden Sie das, was in unserer Welt geschieht, manchmal komisch oder sogar tragikomisch?
- Glauben Sie trotz aller Gegenbeweise an das Gute im Menschen?

Hat sich etwas verändert? Im Vergleich zu dem Zeitpunkt, als Sie das Buch zu lesen begannen? Sind Sie Ihrer Meinung nach – noch – humorvoller geworden? Ich bin fest davon überzeugt!

Zum Abschluss des ersten Teils »Humor verändert Sie« machen Sie bitte *jetzt* ein Foto von sich mit roter Nase. Einfach die rote Nase aufsetzen und klick! Drucken Sie es gleich aus, wenn Sie können. Oder lassen Sie es entwickeln. Allerspätestens morgen. Kleben Sie das Foto an den dafür vorgesehenen Platz. Hier rechts. Dieses Buch ist Ihr ganz persönliches Humor-Coaching-Buch, und das soll auch jeder sehen! Ich mache es Ihnen vor: So! Das bin ich!

Und nun Sie!

Jetzt beginnen wir endlich mit dem zweiten Teil »Humor verändert Ihren Beruf«. Folgen Sie mir humorvoll und möglichst auffällig!

2. **HUMOR**
verändert Ihren Beruf

**Humor als Erfolgsstrategie
für Beruf und Karriere**

Haben Sie die rote Nase abgesetzt? Schade! Tun Sie mir den Gefallen und setzen Sie sie für die Dauer dieser Einführung wieder auf. Ich warte so lange. Danke schön! Tatsache ist, dass wir besonders im Beruf jede Menge Humor brauchen können. Nein, das soll kein Bonmot sein. Wir werden im Laufe dieses Kapitels sehen, wie Humor unseren Erfolg nicht nur unterstützt, nein, auch vorantreibt, gar kreiert! Und die rote Nase ist ab sofort das Symbol für Ihren Erfolg durch Humor!

Ich arbeite gerade mit Prozessmanagern zum Thema »Kontinuierlicher Verbesserungsprozess«. Dabei ist das A und O die Motivation der Mitarbeiter. Und das Zauberwort heißt hier Motivation durch Humor. Die roten Nasen haben dabei ihren Platz als überzeugendes Motivations-Tool ohne jede Gegenwehr, aber mit viel Spaß erobert. Im Ernst!

Viele von uns verbringen einen großen Teil ihres Alltags in ihrem Beruf. In dieser Zeit sind wir fast ständig Menschen nahe, die nicht unbedingt unsere Freunde sind oder zu unserer Familie gehören. Wir kommunizieren beruflich mit Kollegen, Kunden, Zulieferern und Vorgesetzten. Durch die Lektüre des ersten Teils dieses Buches »Humor verändert Sie!« wissen wir schon eines ganz sicher: Auch Kollegen, Kunden, Zulieferer und Vorgesetzte sind einwandfrei Menschen! Manchmal mag man das gar nicht glauben. Aber sie sind Menschen mit Stärken und Schwächen, Menschen, die wir sympathisch finden, oder Menschen, die wir nicht leiden können. Menschen, die uns unterstützen, Menschen, die uns Vorteile bringen. Oder auch Menschen, denen wir gänzlich gleichgültig sind oder die uns sogar schaden, gewollt oder ungewollt. Unternehmen sind Mikrokosmen. Alles, was in der Familie und im Bekanntenkreis geschieht, kann grundsätzlich auch hier geschehen. Und beides, das Privatleben und das Berufsleben, haben Auswirkungen auf die jeweils andere Dimension unserer Existenz. Wir müssen auch im Beruf unsere Rolle finden und unseren Status sichern, wenn es geht, ihn sogar verbessern.

Humor verschafft Ihnen die nötige Distanz zum Geschehen und damit den Überblick. Allerdings kann ich mir vorstellen, dass einige von Ihnen Einwände haben: »Ja, Humor im Privatleben! Das verstehe ich! Privat muss man sich nicht schützen. Privat darf man Spaß haben. Privat darf man sich auch mal zum Deppen machen. Das macht Spaß. Da kann nichts passieren. Aber im Beruf? Das ist doch eine ganz andere Situation. Meine Kollegen würden sich über mich lustig machen. Mein Chef mich für verrückt erklären. Wahlweise für unverschämt. Humorvolles Verhalten wird sofort sanktioniert. Ich hätte ganz bestimmt Nachteile in meiner Karriere. Nein, im Beruf ist die Lage zu ernst für Humor!«

Mit Humor agieren Sie in Ihrem Berufsleben erfolgreicher, gelassener und flexibler.

Tja, das ist das allererste Mal, dass ich solche Einwände höre … Nein, natürlich nicht! Genau das höre ich dauernd. In Deutschland gilt Arbeit, gilt Beruf als etwas Bitterernstes. Eine Ausnahme bilden da nur die künstlerischen Berufe. Von deren Ausübung nehmen die meisten Menschen Folgendes an: Schon morgens um 7 Uhr sprudeln die Ideen nur so. Sogar ohne Drogen! Kreative Menschen strengen sich deshalb niemals an. Denn sie haben ja eine Berufung statt eines Berufs. Und Berufungen fallen zwangsläufig leicht. Wunschdenken! Künstlerische Berufe leben vom Können und von der Disziplin. Sie sind harte Arbeit. Es darf natürlich nicht so aussehen. Das ist der Trick. Und die noch härtere Arbeit.

Also zurück zum bitteren Ernst des Arbeitslebens. Arbeit scheint etwas zu sein, dass auf keinen Fall Spaß machen darf, zumindest nicht dem Gros der Bevölkerung. Wenn Arbeit keinen Spaß macht, braucht es viel Disziplin, um sie auszuführen. Disziplin macht angeblich erst recht keinen Spaß. (Ich finde ja Disziplin toll. Selbstdisziplin zum Beispiel schafft Freiheit. Diese Freiheit macht mir Spaß. So viel Spaß, dass ich immer kreativer werde.) Humor hat also bei der Arbeit, hat im Beruf vermeintlich nichts zu suchen. So denken nicht nur die Mitarbeiter. So denken auch sehr viele Führungskräfte, Unternehmer, Selbstständige. Humor untergräbt Disziplin und Leistung. Humor hebelt Hierarchien aus. Humor macht die Mitarbeiter wild. Humor weckt Emotionen. Emotionen sind gefährlich. Emotionen stören das Betriebsklima. Mit Emotionen kommt all das ans Tageslicht, was nicht sein kann, weil es nicht sein darf. Deswegen muss es tabuisiert werden. Zum Beispiel die Angst vor Veränderungen.

Die meisten Führungskräfte gehen davon aus, dass man schlafende Hunde besser nicht wecken soll. Ganz falsch gedacht. Vor allem betriebswirtschaftlich. Durch schlechte Kommunikation, zum Beispiel im Change-Management, entstehen Reibungsverluste. Und das kostet! Denn unausgesprochene Probleme schaffen eine zweite inoffizielle Unternehmenskultur. Die blockiert dann die notwendigen Veränderungen. Und das nur, weil die Führungetage nicht die Emotionen und die Gruppendynamik ihrer Mitarbeiter berücksichtigt hat. Humor verändert als Bestandteil der Unternehmensphilosophie und der Unternehmensleitbilder die Unternehmenskultur und -kommunikation in einer Wirtschaftswelt der permanenten Veränderung gravierend positiv. Das schafft Wachstum. Wie ich im dritten Teil »Humor verändert Unternehmen« aufzeigen werde.

Wir stehen erst am Anfang der großen Veränderungswellen, die die Globalisierung zur Folge hat. China hat Deutschland als Exportland geschlagen, Asien drängt mit Macht auf den Weltmarkt. Das sind nur zwei Veränderungen, die gravierende Auswirkungen haben. Da in einer globalen Welt alles mit allem vernetzt ist, sind wir alle von den Auswirkungen betroffen. In welcher Hierarchie und Branche, ob angestellt oder selbstständig – wie auch immer wir arbeiten, wir werden uns mit den Veränderungen verändern müssen. Freiwillig oder unfreiwillig. Wir brauchen Flexibilität, Kreativität, die Fähigkeit zum selbstständigen Handeln und zur Problemlösung, Kommunikations- und Motivationsstrategien, ein Leistungsvermögen, das uns mithalten lässt und eine gute Gesundheit. Ich weiß, es klingt erschreckend. Die Anforderungen sind hoch in der Zukunft. Aber Anforderungen zu stellen, ohne das Know-how mitzuliefern, bedeutet Misserfolge zu kreieren. Hier es, das Know-how: Wenden Sie Humor im Berufsleben an! Die Veränderungen sind nur zu bewältigen, wenn Menschen motiviert sind.

Wer Spaß und Freude an und in seinem Beruf hat, leistet mehr. Leistet gerne. Leistet ohne Erschöpfung und Selbstausbeutung. Dann macht Leistung Spaß. Humor ist die Basis **Ein bedeutender** all dieser Eigenschaften und Fähigkeiten, **Motivationsfaktor heißt** die wir brauchen, um erfolgreich zu sein. **Spaß und Freude.** Lassen Sie es uns angehen: mit Humor zum Erfolg! Oder eben: Erfolg lacht!

Humor schenkt Ihnen Spaß und Freude

Wenn Sie Humor in Ihrem Beruf konsequent anwenden, werden Sie bald mit einer vollkommen veränderten Einstellung an Ihrem Arbeitsplatz erscheinen. Mehr noch, Ihre Einstellung zu Ihrem Beruf wird sich positiv wandeln. Und wenn sie schon jetzt positiv ist? Dann wird sie noch positiver! Schadet auch nichts! Ihre Kollegen werden sehr bald ihr Verhalten Ihnen gegenüber ändern. Sie mit anderen Augen sehen. Das verspreche ich Ihnen. (Und die es nicht tun? Haben Sie Mitgefühl! Sie kommen auch noch dahinter.)

Wer Humor hat, ist – Gott sei Dank, sonst wäre er tot – nicht gefeit vor unangenehmen, verletzenden oder widrigen Situationen. Und schon gar nicht vor unangenehmen Gefühlen. Er besitzt allerdings die Fähigkeit, das Verhalten anderer nicht allzu sehr auf sich zu beziehen. Die meisten Menschen handeln nun mal in ihrem eigenen Interesse. Sie machen sich nicht so viele Gedanken darüber, welche Auswirkungen ihr Verhalten auf andere hat. Das ist noch nicht mal böse gemeint. Es ist nur gedankenlos. Manchmal auch ganz schön ignorant. Da der humorvolle Mensch aber geübt ist, unangenehmen Situationen komische Aspekte abzugewinnen, lacht er eben über sich, sein Missgeschick und dessen Auslöser. In diesen Fällen ist Lachen sowieso intelligenter und ressourcenorientierter: Lachen verhindert depressive Stimmungen, Ärger, Angst. Und die sind keine gute Voraussetzung für Leistung. Vor allem, wenn die Leistung auch noch Spaß machen soll.

Wir alle entscheiden tagtäglich, mit welcher Einstellung wir unserer Arbeit nachgehen. Wir allein entscheiden, ob wir uns endlos in den Gedankenschleifen wie »Ich bin überfordert«, »Ich bin unterfordert«, »Ich werde nicht angemessen bezahlt«, »Irgendjemand verhindert meine Karriere«, »Die Kollegen, Vorgesetzten, Kunden sind Idioten«, »Niemand versteht mich«, »Alle sind Idioten«, »Niemand liebt mich«, »Ich bin ein Idiot«, »Mich kann niemand mögen« und so weiter drehen. Wobei gegen ein bisschen Jammern oder Wüten nichts einzuwenden ist. Beides kann erst einmal entlasten. Aber was nützt das Jammern auf Dauer? Nichts. Im Gegenteil: Stetes Jammern hat schlechte Laune, unangemessene Kommunikation, Konzentrationsstörungen, Leistungsabfall, gesundheitliche Probleme zur Folge. Irgendwann müssen wir also etwas verändern. Entweder die Situation oder unsere Einstellung. Am leichtesten ist es, unsere Einstellung zu verändern. Die Situation verändert sich dann ganz von selbst. Damit fangen wir jetzt an, und zwar ganz früh morgens.

Übung 33

Nehmen Sie sich bitte fünf Minuten Zeit, bevor Sie das Haus verlassen, um an Ihren Arbeitsplatz zu gehen. Setzen Sie sich. Schließen Sie die Augen. Denken Sie möglichst an nichts und lächeln Sie. Fünf Minuten lang. Sie werden sofort gute Laune bekommen.

Mit einiger Übung werden Sie immer mehr Herrin oder Herr Ihrer Gefühle, Stimmungen und Gedanken. Das erfordert allerdings Selbstdisziplin. Für den Anfang gilt: Versuchen Sie auf dem Weg zur Arbeit die Stimmung zu halten. Natürlich ist es nicht verboten, auch im Auto die rote Nase aufzusetzen und zu lächeln. Sollten Sie Angst um die anderen Verkehrsteilnehmer haben, klemmen Sie sich die rote Nase einfach ans Revers, ans Hemd oder ans Ohr! Das fällt nicht so stark auf. Aber Sie stehen dennoch mit Ihrem Symbol für Erfolg mit Humor in engem Kontakt. (Na gut, in die Tasche stecken gilt auch. Ausnahmsweise.)

An Ihrem Arbeitsplatz angekommen, geht es weiter.

In Deutschland herrscht traditionell die Angewohnheit, eher auf die eigenen Schwächen als auf die eigenen Stärken zu schauen. Noch lieber betrachtet man die Schwächen der anderen. Auf jeden Fall hat das Lobpotenzial nach oben hin noch eine Menge Luft. Deswegen gehen wir an dieser Stelle dazu über, auch andere zu loben.

Der humorvolle Mensch beansprucht übrigens nicht den Gutmenschenstatus. Auch er handelt in seinem eigenen Interesse. Aber er hat den Blick für die Bedürfnisse anderer. Er weiß, dass Spaß und Freude in Organisationen nicht unbedingt zur Kultur gehören. Er weiß, dass ein Lachen mehr Motivation schenken kann als alles andere. Deswegen entscheiden sich humorvolle Menschen gerne dazu, Spaß und Freude zu verbreiten.

Übung 38

Setzen Sie Ihre rote Nase auf und schenken Sie allen Kollegen auch eine rote Nase. Erklären Sie ihnen, dass Sie ab sofort Ihr Humorpotenzial entwickeln und mehr Spaß und Freude im Beruf generieren wollen. Ihre Kollegen werden vermutlich unterschiedlich reagieren. Die einen lachen und setzen sie auf. Die anderen sind irritiert. Vielleicht fühlen sich einige auch auf den Arm genommen. Lassen Sie sich davon nicht abschrecken.

Übung 39

Überlegen Sie sich, wie Sie Ihren Kollegen Spaß und Freude schenken können. Natürlich nicht allen auf einmal. Vielleicht überreichen Sie jemandem einen Blumenstrauß. Oder eine lustige Postkarte. Einen besonderen Tee. Einen Wellness-Gutschein. Was auch immer Ihnen einfällt. Es soll nichts Teures sein. Eine Unterstützung bei der Arbeit. Irgendetwas Ideelles. Ihrer Fantasie sind keine Grenzen gesetzt. Initiieren Sie einen Spaß- und Freudetag in Ihrer Abteilung oder in Ihrem Team. Oder einen Tag der hässlichsten Ohrringe / Krawatten.

Übung 40

Unterschreiben Sie eine Selbstverpflichtung folgenden Inhalts: jeden Tag eine Spaß-Tat! Wenn Sie der Einzige sind, der Spaß und Freude schenkt, dann sind Sie eine Weile eben der Einzige. Irgendwann werden andere es Ihnen gleichtun.

Sie fragen sich nun, wann Sie vor lauter Spaß und Freude Ihrer Arbeit nachgehen sollen? Das findet sich! Was Sie aber für sich, Ihre Abteilung, Ihr Team, letztlich für Ihre Kunden getan haben, ist unbezahlbar: Sie haben eine positive Atmosphäre und eine bessere Kommunikation erschaffen: Sie haben Menschen motiviert. Durch Spaß und Freude.

Humor macht Sie zum Kommunikationsprofi

Es dürfte für Sie nun wahrlich keine Überraschung mehr sein, dass Humor Sie zum Profi in Sachen Kommunikation macht. Sie haben so viele Übungen kennengelernt und ausprobiert, dass Sie schon jetzt wahre Experten auf diesem Gebiet sind.

Viele Menschen glauben allerdings, dass es reicht, wenn man sich im Privatleben gut verständigen kann. Hier sei das einfach, denn in einem vertrauensvollen Umfeld würden die Menschen einander sowieso gut kennen und deswegen hellseherisch verstehen, was der andere meint. Wir alle wissen aus leidvoller Erfahrung, dass es so nicht immer ist. Was man meint und was man sagt, sind oft zwei verschiedene Dinge. Bei aller Liebe!

Auch im Berufsleben, meinen die gleichen Menschen, sei die Kommunikation sehr einfach. Man müsse ausschließlich Informationen austauschen. Dabei hätten Gefühle nichts zu suchen. Was die Kommunikation immens erleichtere. Von wegen! Mit dieser Einstellung scheitern Projekte, Karrieren, Aufträge. Ich kann es gar nicht oft genug wiederholen: Im beruflichen Umfeld gehört die Fähigkeit, mit Menschen unterschiedlichster Couleur in verschiedensten Kontexten positiv und emotional intelligent zu kommunizieren, zu den wohl wichtigsten Fähigkeiten.

Im beruflichen Umfeld ist die positive und emotional intelligente Kommunikation eine wichtige Fähigkeit.

Wir sprechen ständig mit Kollegen, Mitarbeitern, Führungskräften. Auf Netzwerkveranstaltungen mit Interessierten, Zulieferern oder Dienstleistern. Auf Kongressen und Messen mit Wettbewerbern. Bei der Akquise, Beratung, im Vertrieb mit potenziellen und tatsächlichen Kunden. Purer Informationsaustausch? Natürlich nicht! Wollen Sie Karriere machen, brauchen Sie die Fähigkeit zur Selbstdarstellung und Präsentation. Als Führungskraft sollen Sie motivieren, fördern, Interessen gegeneinander abwägen, Kritik aussprechen, verhandeln, Unternehmensprozesse initiieren und realisieren. Gelingt das durch reinen Informationsaustausch? Niemals! Ohne die eigenen Emotionen und die der anderen Beteiligten zu akzeptieren, anzunehmen und anzusprechen, bleibt berufliche Kommunikation ohne Erfolg.

Emotionen? In Organisationen? Im Beruf? Unerwünscht! Davon sind viele überzeugt. Das Emotionale ist nicht gern gefühlt in Organisationen! Die emotionale Intelligenz gilt einigen immer noch als Frauensache! Als Gedöns! Man(n) hat eine Heidenangst, dass Emotionen den reibungslosen Ablauf der Unternehmensprozesse stören könnten. Dabei wird schnell vergessen, dass Menschen keine Maschinen sind, sondern eben lebendige Wesen mit Gefühlen. Wo Menschen zusammenkommen und unterschiedliche Interessen verfolgen, werden Emotionen freigesetzt. Wer sie unterdrückt, spürt schnell die Konsequenzen.

Sie gehen hoch oder verschwinden in der Kanalisation. Je nachdem. Auf jeden Fall beginnen sie ihr Zerstörungswerk. Sie verhindern Veränderungsprozesse aller Art. Schüren Konflikte, schaffen Intrigen, mobben, bossen – was Sie wollen. Warum? Weil Kommunikation nur gelingt, wenn ihre zwei Aspekte berücksichtigt werden: der Informationsaspekt und der Beziehungsaspekt. Wer Letzteren vergisst, ist nicht in der Lage, Menschen abzuholen, mitzunehmen, zu überzeugen, zu motivieren.

Unterdrückte Emotionen mutieren in Organisationen zu Kommunikationszeitbomben.

Es ist mir unverständlich, dass Kommunikationspsychologie nicht als Unterrichtsfach in Schulen gelehrt wird. Die Herausforderungen in einer globalen Wirtschaftswelt verlangen, nein, schreien geradezu nach ihr. Diese Herausforderungen werden nicht einfach irgendwann wieder aufhören. Im Gegenteil! Das Riesenrad der Veränderung wird sich in Zukunft noch viel schneller drehen. Wer da nicht aus der Gondel rausfliegen möchte, muss sich schon mit den Mitreisenden verständigen können.

»Das ist ja alles schön und gut«, höre ich Sie sagen, »Kommunikationsfähigkeiten sind wichtig im Beruf. Hab ich schon vorher gewusst! Aber warum unbedingt humorvolle Kommunikation?« Weil die humorvolle Kommunikation sehr viele Fliegen mit einer Klappe schlägt. Der humorvolle Mensch weiß um die Macht der Emotionen. Er selbst zeigt sich offen. Ohne Visier und Rüstung. Er geht auf Menschen zu und strahlt Vertrauenswürdigkeit aus. Verbal und nonverbal. Er muss sich nicht verstecken. Metaphorisch gesprochen: Der humorvolle Mensch sitzt in einer Gondel des Riesenrads. Wie alle anderen auch. Er kann sich mit seinen Mitreisenden nicht nur verständigen, nein: Er schafft Solidarität unter ihnen. Er hilft ihnen, nicht aus der Gondel herauszufallen. Er bringt sie zum Lachen. Er schenkt Freude und Zuversicht. Er führt!

Wer die Führung innehat, befindet sich im Hochstatus. Und sei es nur für einen Moment. Warum? Erstens, weil der humorvolle Mensch durch seine humorvolle Perspektive zwischenmenschliche Situationen analysiert, definiert und deutet. Und wer die Deutungshoheit innehat, befindet sich im Hochstatus. Zweitens, weil der humorvolle Mensch andere Menschen dazu bewegt, sich seiner Deutung, seiner Perspektive anzuschließen. Wer Menschen bewegt, befindet sich im Hochstatus. Und drittens, weil der humorvolle Mensch anderen Menschen erlaubt, sich zu öffnen und Emotionen zu spüren und zu zeigen. Wer Menschen emotional berührt, befindet sich im Hochstatus.

Humor lässt Sie erfolgreich netzwerken

Berufliche Netzwerke sind eine schöne Erfindung. Vor allem die realen. Dort kann man echte Menschen hinter ihrem virtuellen Profil kennenlernen. So die Idee. Leider, leider hat die Sache einen Haken. In Netzwerken lernt man tatsächlich nur sehr selten und sehr vereinzelt »echte« Menschen kennen. Man begegnet sich dort nämlich hauptsächlich in der beruflichen Rolle und in einer gesellschaftlichen Stellung. Das ist der Sinn der Sache! Menschen vernetzen sich aus professionellen Gründen, welcher Art auch immer: Sei es zum Austausch von Informationen oder, sehr oft, um Beziehungen zu knüpfen, die einem irgendwann einmal Gewinn bringen sollen. Am liebsten in Form eines Auftrags.

In beruflichen Netzwerken begegnet man also keinen Privatpersonen. Dort tummeln sich nicht 100 allerbeste Freunde. Es geht um Arbeit! Und es ist Arbeit! Zumindest für die meisten. Wenn Sie Pech haben, handelt es sich um ein Businessfrühstück zu nachtschlafender Zeit. Auf diese Idee können nur Männer kommen: Morgens um 8.00 Uhr aufgerüscht und mühsam munter mit wildfremden Menschen zu frühstücken! Das ist grausam! Wenn Sie noch mehr Pech haben, beginnen um 8.30 Uhr grottenschlechte und todlangweilige Powerpoint-Präsentationen. Ihre mühsam erworbene Munterkeit kann dieser Attacke nicht widerstehen. Sie werden entsetzlich müde. Um Sie herum – ich habe das genauestens beobachten können – fallen Männer mit offenen Augen und herunterklappender Kinnlade in einen festen 20-Minuten-Schlaf. So lange dauern solche Präsentationen. Wenn der Vortragende endlich ein Erbarmen und ein Ende findet, wachen wie durch ein Wunder die Zuhörer urplötzlich auf und klatschen frenetisch. Warum, weiß kein Mensch. Niemand kann sich an den Inhalt erinnern. Wie auch?

Und dieses Ritual wiederholt sich alle vier Wochen. Wie der Murmeltiertag. Das ist nicht schön. Es ist nicht einmal sinnvoll. Sie als humorvoller Mensch wollen diese unbefriedigende Situation ab sofort ändern! Nicht mehr Ihre Zeit vergeuden. Ihnen ist klar geworden, dass man so kein erfolgreiches persönliches Netzwerk aufbauen kann. Wo jeder nur auf den eigenen Vorteil hofft, ist die Bereitschaft zur Unterstützung für andere äußerst gering. Sie haben erkannt, dass ein solches Verhalten defizitär ist. Es geht von einem Mangel aus. Sie wissen, dass dies den Mangel, zum Beispiel den Mangel an Aufträgen, verstärkt. Es ist nicht nur nicht intelligent, sondern auch strategisch falsch. Wer sich nicht offen zu zeigen wagt, wagt es auch nicht, seine Erwartungen zu artikulieren. Aus Angst, als Versager zu gelten. Die meisten Teilnehmer solcher Veranstaltungen stellen sich deshalb auf Netzwerktreffen als absolute Erfolgstitanen dar. Topseller, Moneymaker, Winner! Total beschäftigt, wenn sie nicht gerade Visitenkarten und Flyer auf Netzwerkveranstaltungen verteilen. Natürlich ist Ihnen bewusst, dass dieses Verhalten letztlich aus Unsicherheit herrührt. Deswegen machen Sie ab sofort alles anders. Und verändern damit Ihre Netzwerkwelt. Sie tun etwas für andere! Und für sich! Gleichzeitig! Das ist das Geheimnis guten Netzwerkens. Damit schaffen Sie Nachhaltigkeit! Und wie machen Sie das?

Übung 41

Lesen Sie noch einmal die Kapitel »Humor macht beliebt« (S. 51), »Humor macht Sie einzigartig« (S. 77) und »Humor schenkt Spaß und Freude« (S. 100).

Sie ahnen, worauf ich hinauswill? Natürlich wissen Sie, was erfolgreiches Netzwerken ausmacht: Menschen, egal ob beruflich oder privat, befinden sich am liebsten in Gesellschaft von Menschen, die ihnen sympathisch sind. Auch Geschäfte machen sie am liebsten mit denen, die ihnen sympathisch sind. Und wer wird als sympathisch empfunden? Natürlich Sie, der humorvolle Mensch! Weil Sie sich offen zeigen. Weil Sie Menschen als Menschen betrachten! Nicht als Milchkühe! Weil Sie anderen Freude und Spaß bereiten. Und warum noch? Weil Sie echtes Interesse an Ihrem Gegenüber haben. Sie sind neugierig. Sie befinden sich deshalb bereits im Besitze einer erfolgreichen Strategie. Ohne sie gezielt entwickelt zu haben! Es ist wie beim Zen-Bogenschießen. Sie erreichen Ihr Ziel, indem Sie eins mit dem Bogen werden. In diesem Falle mit dem Netzwerkgedanken. Machen Sie einfach das, was Sie am besten können. Seien Sie humorvoll! Vergessen Sie, dass Sie Entscheider kennenlernen oder Aufträge generieren wollen. Kommen Sie mit den Menschen in Kontakt!

Noch eine kleine Warnung. Für alle Fälle. Nicht an Sie gerichtet, natürlich. Aber an die, die Sie nachahmen werden. Der, der die Humorstrategie und die folgenden Interventionen als Manipulation begreift, wird scheitern. Wer glaubt, mit vorgetäuschter Freundlichkeit Aufträge zu ergattern, dem gelingt das vielleicht ein- oder zweimal. Dann wird er durchschaut. Sein Gegenüber bemerkt die Absicht und wird verstimmt sein. Seine Reputation ist unwiederbringlich dahin. Man wird ihm nicht mehr vertrauen. Das nenne ich eine sehr schlechte Geschäftsstrategie.

Übung 42

Machen Sie Ihren Netzwerkmitgliedern, auch den Ihnen unbekannten, Komplimente. Andere Menschen haben viele positive Charaktereigenschaften, Verhaltensweisen, Kleidungsstücke, an denen man sich erfreuen kann. Teilen Sie Ihre Freude mit dem Besitzer!! Geteilte Freude vermehrt sich. Und Sie bleiben im Gedächtnis. Positiv.

Übung 43

Erzählen Sie humorvolle Anekdoten über Ihren Berufsalltag. Nehmen Sie sich selbst auf den Arm. Sie verlassen damit den Wettbewerb um den höchsten Status und zeigen sich als Mensch, dem man vertrauen darf. Auch daran wird man sich erinnern.

Übung 44

Bieten Sie Unterstützung ohne Gegenleistung an. Vermitteln Sie Kontakte ohne Provision. Öffnen Sie humorvoll Türen für Ihre Netzwerkpartner. Sie werden es Ihnen danken.

Übung 45

Bleiben Sie in Verbindung. Mit geistreichen E-Mails oder Einladungen zum Kaffee. Beziehungen wollen gepflegt werden!

Übung 46

Erklären Sie sich bereit, eine Präsentation zum Besten zu geben. Egal, um welches Thema es sich handelt, sie wird die humorvollste, intelligenteste und informativste Präsentation, die Ihr Netzwerk in seiner Geschichte jemals gehört hat. (Wie das geht, lernen Sie im Kapitel »Humor präsentiert Sie überzeugend«, S. 151.) Sie werden für immer mit Ihrem Werk in Verbindung gebracht werden. Damit erhalten Sie ein unschlagbares Alleinstellungsmerkmal.

Humor führt! Und beim Netzwerken gilt: Humor verführt! Im besten aller Sinne!

Humor entwickelt Ihre Teamfähigkeit

Hand aufs Herz! Halten Sie sich für teamfähig? »Natürlich!«, höre ich Sie sagen! Ich glaube es Ihnen unbesehen! Sie wissen, dass Teamarbeit Synergie bedeutet und Zusammenarbeit Erfolg. Humorvolle Menschen sind sehr oft teamfähig. Ich kenne allerdings Menschen, die absolut nicht teamfähig sind. Ehrlich gesagt, sie sind gar nicht mal so unangenehme Zeitgenossen. Man soll es nicht glauben! Die meisten von ihnen sind ganz sympathisch. Und einige sogar humorvoll! Vor allem, wenn man sie näher kennenlernt! Dann geben sie hinter vorgehaltener Hand sogar zu, dass sie eigentlich nicht besonders teamfähig sind. In aller Öffentlichkeit können sie sich damit natürlich nicht outen. Nicht teamfähig zu sein ist heutzutage ein absolutes »No-Go«. Ein Bekenntnis zu Charakterschwäche. Ein Beweis für rücksichtslosen Egoismus. Die Verweigerung von Synergieeffekten. Ein Karrierekiller. (Außer man will Vorstandsvorsitzender werden.) Und deswegen wird bei fast jedem Bewerbungsgespräch die Frage nach der Teamfähigkeit freudestrahlend mit einem »Ja!« beantwortet. In Unternehmen setzt man nämlich auf Teams. Sehr beliebt sind Projektteams. Aber auch Arbeitsgruppen oder Abteilungen, in denen man einfach nur zusammenarbeitet, verstehen sich als Team. »Wir sind ein gutes Team« – das ist die höchste Auszeichnung (auch privat!).

Allerdings bin ich mir nicht ganz sicher, ob wirklich allen klar ist, was gute Zusammenarbeit oder eben Teamfähigkeit bedeutet. Einige Zitate, die ich oft gehört oder gelesen habe, weisen auf deutliche Zweifel hin:

> ✿ *»Teamarbeit ist, wenn vier Leute für eine Arbeit bezahlt werden, die drei besser machen könnten, wenn sie nur zu zweit gewesen wären und einer davon krank zu Bett läge.«*
> ✿ *»Team ist die Abkürzung für: Toll, ein anderer macht's.«*

Es gibt aber natürlich auch positive Statements, zum Beispiel:

⚙ *»Wenn der Blinde den Lahmen trägt, kommen sie beide fort.«*[2]
(Dieses Zitat würde ich vielleicht nicht im Unternehmens-
zusammenhang verwenden. Schon gar nicht in Veränderungsprozessen. Es könnte missverstanden werden.)

⚙ *»Ganz gleich, was für ein großer Krieger er ist, ein Häuptling
kann die Schlacht nicht gewinnen ohne seine Indianer.«*
(Schön! Wenn auch ein bisschen martialisch.)

⚙ *»Wer alleine arbeitet, addiert. Wer zusammenarbeitet, multi-
pliziert.«* (Dieses gefällt mir besonders gut; es ist kurz und
knapp. Und hebt den Grund für Zusammenarbeit hervor,
den Synergieeffekt.)

Im Austausch, in der Kooperation, im Feedback mit anderen entwickeln wir neue Ideen, kreative Lösungen. Allerdings ist es nicht
so einfach, erfolgreiche Teams zu bilden oder konstruktives Mitglied
eines erfolgreichen Teams zu sein. Denn echte Teamarbeit stellt hohe
Anforderungen an die Einzelnen. Anforderungen wie die Fähigkeit
zur Empathie, Wertschätzung, Kommunikation, Kooperation, Kreativität, Flexibilität, Lösungsorientierung und natürlich Konfliktfähig-
keit.

Die Idee hinter der Teambildung lautet: Es werden Synergien er-
schlossen, die die Summe der Einzelleistungen übertreffen. In Teams
arbeiten Menschen mit verschiedenen Fähigkeiten, Qualifikationen
und unterschiedlichen Hierarchien zusammen. Oft ist auch die Al-
tersstruktur heterogen. Dabei bleiben natürlich Konflikte aller Art
nicht aus – Konflikte, die bewältigt werden müssen.

Neben konkreten Zielen braucht ein Team einen gemeinsamen Ar-
beitsansatz und die Fähigkeit zur Zusammenarbeit. Und da beginnen die Schwierigkeiten, vor allem, wenn bis dato in der Unternehmenskultur fach- und hierarchieübergreifende Kooperationen nicht
erwünscht waren. Oder wenn es sich um Einzelkämpfer handelt.
Das kommt durchaus oft vor, zum Beispiel im Außendienst oder am
Theater. Ein Team kann nur dann erfolgreich arbeiten, wenn es ei-

nen starken inneren Zusammenhalt hat. Und dieser Zusammenhalt gründet auf sogenannten weichen Faktoren. Die sich jetzt knallhart auf die Chancen eines Teams auswirken. Diese Faktoren sind neben dem Stolz auf die erfolgreiche Arbeit vor allem Wertschätzung, Respekt vor unterschiedlichen Qualifikationen und Ansichten, der ehrliche Umgang mit Gefühlen und Ideen, Gleichberechtigung, Kooperationswille, Entscheidungs- und Problemlösungsstrategien und gut organisierte Kommunikationsstrukturen.

Uff! Wenn alle Teams jedes dieser Kriterien erfüllen müssten, gäbe es keine. Natürlich habe ich den Idealtypus eines Teams beschrieben, der in den seltensten Fällen erreicht wird. Wir sind Menschen und Menschen sind nun mal nicht perfekt. Daraus ergibt sich, dass ein Teamentwicklungsprozess keine einfache Angelegenheit ist – und die Betonung liegt dabei auf dem Wort »Prozess«. Prozesse neigen dazu, bei aller Organisation und Kontrolle, ein Eigenleben zu entwickeln. Sie sind dynamisch. Vor allem wenn ihre Hauptakteure Menschen sind. Menschen kann man nicht wie Maschinen in einen Prozess integrieren, auf dass sie bis zur nächsten Wartung störungsfrei agieren. Gott sei Dank ist das nicht möglich! In Organisationen, die viele Veränderungsprozesse zu bewältigen haben, setzt sich sehr langsam die Einsicht durch, dass die Wertschätzung der individuellen Fähigkeiten von Menschen ihre Leistungsfähigkeit im Team steigert. Diese Leistungssteigerung wird durch das Beherrschen von Soft Skills unterstützt.

Prozesse sind auch Menschen.

Einen Teamentwicklungsprozess kann man modellhaft in vier Phasen einteilen.

- ✿ **Testphase (Forming-Phase):** Ein Team entsteht. Die Mitglieder kommen mit bestimmten Erwartungen und sind auf der Suche nach ihrer Rolle. Sie sind neugierig, engagiert, zweifelnd, unwillig. Sie beschnuppern sich und tauschen erste Informationen aus.
- ✿ **Nahkampfphase (Storming-Phase):** Dies ist die wichtigste Phase der Teamentwicklung und unterschiedlich lang. Die

Mitglieder beginnen zu arbeiten und stellen fest, dass ihre Erwartungen nicht erfüllt werden. Unruhe, Streit, Beziehungskonflikte tauchen auf. Die Arbeitsatmosphäre leidet. Der Kampf um die eigene Rolle, um Machtpositionen beginnt. Die Teamleitung wird angegriffen, die ganze Idee und vor allem der Erfolg des Prozesses werden infrage gestellt. Gelingt ein Konsens über Ziele, Aufgabenbewältigung und Rollen, kann ein Team beginnen, erfolgreich zu arbeiten.

- ☼ **Orientierungsphase (Norming-Phase):** Die Wogen haben sich geglättet, Verhaltensnormen werden deklariert, Spielregeln aufgestellt. Es entsteht ein Wir-Gefühl. Die eigentliche Arbeit kann beginnen.
- ☼ **Arbeitsphase (Performing-Phase):** Das Team steuert sich überwiegend selbstständig. Es wird produktiv gearbeitet.

So das Modell. Auch Modelle sind natürlich idealtypischer Natur. Die Reihenfolge der einzelnen Phasen kann sich verändern. Manchmal laufen sie gleichzeitig ab oder einzelne müssen wiederholt werden. Eins aber dürfte klar sein: Im Teamentwicklungsprozess entsteht eine Menge Gruppendynamik.

Wie kann Humor diesen Prozess unterstützen oder sogar vorantreiben? Um eines vorwegzusagen: Es ist überhaupt kein Problem, wenn die vier Phasen korrekt ohne ein Fünkchen Humor durchlaufen werden. Der Umgang miteinander kann dennoch wertschätzend und empathisch sein. Ich habe das oft in Teams erlebt. Allerdings bekommt dann die Arbeitsatmosphäre meist etwas Verkrampftes. Der todernste positive Umgang miteinander kann dazu führen, vor lauter Wald die Bäume nicht mehr zu sehen. Die Teammitglieder neigen, vor Sorge, nicht wertschätzend genug zu sein, zu übervorsichtigem Verhalten. Konflikte werden unter den Tisch gekehrt, obwohl ihre Klärung notwendig für den Prozess wäre. Innovative Ideen köcheln so lange im Konsens, bis sie nicht mehr erkennbar sind. Alles eine Teamsoße. Die Arbeit läuft durchaus, einige Erfolge sind zu verzeichnen, aber der Funke, der alle inspirieren soll, springt nicht über.

Humor wird in solchen Teams oft als subversiv, als gefährlich empfunden. Legt er doch den Finger auf die Wunde. Und verarztet sie humorvoll. Er nimmt Begriffe wie zum Beispiel »gewaltfreies Feedback« aufs Korn. Denn der humorvolle Mensch stellt sich und anderen bei solchen Euphemismen ganz automatisch folgende Fragen: »Wie hieß denn das Feedback vorher? Gewaltvolles Feedback? Gewaltiges Feedback? Feedback mit Gewalt? Und wie fühlte es sich an? Hat es jemand überlebt?« Darüber kann sich ein humorvolles Teammitglied lustig machen. Und benennt dabei vielleicht den Kern des Teamproblems. Ist »gewaltfreies Feedback« eine Worthülse, dem Unternehmenszeitgeist geschuldet? Aber nicht gelebt? Oder doch gelebt? Aber wie? Wem oder was nützt »gewaltfreies Feedback«? Dürfen Konflikte nicht offen angesprochen werden? Aus Angst, das ganze Teamkonzept bricht zusammen? Bedeutet gewaltfreies Feedback gar Konfliktvermeidung?

Ein Quäntchen Humor unterstützt dabei, Vermeidungsstrategien aller Art aufzudecken, die dahinterliegenden Probleme zu erkennen und zu klären. Das Ziel heißt mehr Spaß, damit mehr Energie, mehr Leistung und mehr Erfolg zu generieren.

Mehr Spaß bringt mehr Energie, mehr Leistung und mehr Erfolg.

In Konflikten kann Humor Aggressionen auf ein erträgliches und durchaus auch notwendiges Maß reduzieren. Aggressionen sind erst einmal nichts Böses oder Zerstörerisches. Wir alle haben sie. Sogar die, die sie sich abzutrainieren versuchen. Und mit einem Permanentlächeln durch die Welt laufen. Sie gehören zum Leben, die Aggressionen. Sie weisen auf Probleme hin. Sie sind Emotionen! Sie sind Energie!

»Ohne Emotionen kann man Dunkelheit nicht in Licht und Apathie nicht in Bewegung verwandeln« (Carl Gustav Jung). Wie so oft hatte er auch da recht, der Carl Gustav Jung. Aggressionen können sehr viel mehr die Produktivität fördern als Resignation! Zugegeben, es kommt natürlich darauf an, wie man sie kommuniziert.

Humor kann das ansprechen, was hinter den Konsensen oder Tabus liegt. Karikierend, provozierend, Verhaltensweisen spiegelnd. Ich habe einmal in einem großen Automobilunternehmen Teamprozesse begleitet. Die Mitglieder, alle Männer, hatten außerordentliche Probleme, ein Team mit gleichberechtigten Mitgliedern zu bilden. Kein Wunder, jahrelang gab es in den Arbeitsgruppen eine Führungskraft, deren Anweisungen die anderen folgten. Klare Hierarchien, klare Ansagen. Wenig Gruppendynamik. Einfache Strukturen. Um es mal flapsig zu sagen: Es gab einen Derrick und eine Menge Harrys. Und die holten den Wagen. Nun sollte im Zuge eines umfassenden Lean-Management-Prozesses diese Gruppe zu einem Team ohne Führungskraft umgebildet werden. Ein selbst organisiertes, selbstverantwortliches Team mit eigenen Entscheidungs- und Problemlösungsstrukturen. Eine Katastrophe! Ganze Welt- und Selbstbilder brachen zusammen. Auf einmal musste man kommunizieren. Wo es jahrelang hieß: »Red nicht, arbeite!« Weiche Faktoren erlernen. Frauenkram! Und natürlich hatten die, die ihren Führungsposten zugunsten des Teams aufgeben mussten, große Probleme mit ihrem Statusverlust. Die anderen Teammitglieder nicht minder. Denn sie wussten nicht mehr, auf welcher Hierarchieebene sie sich bewegten oder bewegen durften. Die inoffiziellen Rollen mussten geklärt werden. Zwei Mitglieder eines Teams, das ich betreute, trugen einen solchen Konflikt um die Hierarchiefolge ausgesprochen heftig aus. Und legten fast den gesamten Teamprozess lahm. Ich spiegelte, intervenierte, wertschätzte – alles für die Katz. Sie wollten es auskämpfen. Wie echte Männer. Als ich das begriff, nahm ich sie beim Wort. Ich bat sie, den Raum zu verlassen und erst wiederzukommen, wenn sie ihren Konflikt in einer Männerprügelei geklärt hätten. Die beiden dachten, sie hätten sich verhört. Nachdem ich ihnen mitteilte, dass ein Erste-Hilfe-Koffer vorhanden sei, schickte ich sie raus. Sie waren so empört und wütend auf mich, dass sie sich sofort verbündeten. Natürlich schlugen sie sich nicht. Aber sie sprachen sich aus. Als sie zurückkamen, war die Sache zwischen ihnen weitestgehend geklärt. Und wir fingen endlich an zu arbeiten.

Sie können natürlich auch anders vorgehen und mit folgender Provokation intervenieren:

»Tja, jetzt waren Sie so lange hier Chef und nun soll dieser Idiot genauso viel zu sagen haben wie Sie. Wenn ich Sie wäre, könnte mich der ganze Teamquatsch mal.«

Welche Intervention Sie auch immer wählen, sie sollte konstruktiv und nicht sarkastisch abwertend sein. Es kommt auf Ihre Stimme, Ihre Intonation und Ihre Mimik und Gestik an. Die anderen müssen nämlich merken können, dass es sich um Humor handelt. Sonst werden sie nicht lachen, sich öffnen, sondern emotional blockieren. Natürlich können Sie auch und besonders in einem Teamprozess Spaß und Freude schenken. Gerade in der »Nahkampfphase« sind Interaktionen während der Arbeitszeit und auch außerhalb der Arbeitszeit für die Teamentwicklung wichtig.

Übung 47

Initiieren Sie Trainings zur Teamentwicklung, die die Emotionen berühren und das Teamgefühl stärken. Das kann ein Outdoor-Training sein, ein Unternehmenstheaterworkshop, ein Storytelling-Seminar oder – natürlich – ein Humortraining.

Übung 48

Initiieren Sie Unternehmungen außerhalb der Arbeitszeit im halbprivaten Rahmen: Kinobesuche, Bowlen, Pizza-Essen, was auch immer. Nicht vergessen: Machen Sie Fotos!

Übung 49

Schaffen Sie einen eigenen Raum für Ihr Team als emotionalen Anker. Hängen Sie einen Sandsack hinein. Kleben Sie Dokumentationen Ihrer gemeinsamen Erfolge an die Wände. Dokumentieren Sie in Ihrem Teamraum alle Teamerlebnisse, private und berufliche. Schaffen Sie eine Ecke für Schmerzliches, für Misserfolge. Zum Beispiel das Symbol eines Projekts, das nicht ganz so gut gelang, mit einer schwarzen Trauerschleife.

Misserfolge übrigens, die tabuisiert oder in die Verantwortung anderer abgeschoben werden, liegen wie ein Stein im kollektiven Magen des Teams. Sie stören die Verdauung. Misserfolge, die mit einem überbordenden Schuldgefühl angenommen werden, schaffen Depressionen und Resignation. Misserfolge, denen man mit Desinteresse begegnet, schaffen Stillstand. Misserfolge, die mit Humor bearbeitet werden, verwandeln sich zu starken Motivationsfaktoren.

Übung 50

Initiieren Sie Spaß- und Freudeaktionen: Ernennen Sie einen Tag zum Tag des grünen T-Shirts. Vergeben Sie einen Team-Oscar! Veranstalten Sie Wettrennen auf dem Flur. Aus Erfahrung weiß ich, dass der Rote-Nasen-Tag über alle Hierarchiestufen hinweg ausgesprochen beliebt ist.

Übung 51

Verändern Sie die Meetingkultur. Beginnen Sie mit einem Warm-up. Schlagen Sie vor, dass alle erst einmal ihre äußeren Ohrläppchen massieren sollen. Das weckt die Kreativität. Wirklich! Stellen Sie eine Schale mit Mon-Chéri-Pralinen und eine mit in Essig getränkten Wattebäuschchen auf den Tisch. Die Teilnehmer, die konstruktive Vorschläge machen, bekommen von den anderen Pralinen zugeworfen. Die, die blockieren oder gegen die Unternehmens- und Meetingkultur verstoßen, die Wattebäuschchen. Gut, in der ersten Viertelstunde wird das Meeting etwas aus dem Ruder laufen. Aber dann! Dann kann es sogar passieren, dass ein langweiliges Meeting sich in das verwandelt, was es sein sollte: in einen innovativen Problemlösungsprozess. Und wahrscheinlich wird das Meeting zum allerersten Mal eine erträgliche, weil konstruktiv genutzte Zeitspanne beanspruchen.

Vielleicht schütteln Sie jetzt den Kopf und denken: »Das kann ich nicht mal ansatzweise bei uns vorschlagen. Da verlieren doch alle den Respekt vor mir! Außerdem macht garantiert niemand mit. Das trauen die sich nicht!« Lassen Sie sich gesagt sein: Den Respekt verliert niemand vor Ihnen. So viel ist schon mal sicher! Erinnern Sie sich? Wer humorvoll agiert, befindet sich im Hochstatus. Und ob die Kollegen mitmachen? Ohne Mut keine Veränderung. Verabreden Sie einen Versuch. Im allerschlimmsten Fall haben alle Spaß gehabt. Und wer hat dann gewonnen? Sie! Und Ihr Beliebtheitsgrad und die Anerkennung Ihrer Kreativität! Humor führt zusammen! Sie müssen es nur wollen!

Humor setzt Sie durch

Wie jetzt? Durchsetzung? Eben hieß es doch noch »teamfähig«! Was denn nun? Das widerspricht sich doch! Nein, tut es nicht! Man kann sehr wohl teamfähig und durchsetzungsfähig sein – gleichzeitig. Das geht! Teamfähig bedeutet nicht wattewindelweich und durchsetzungsfähig nicht »schwarzeneggerackermannhart«. Die Welt ist komplex. Auch in Teams ist Durchsetzungsfähigkeit eine wichtige Eigenschaft. Warum? Weil man Probleme benennt, Fordcrungen stellt, Kritik übt und Veränderungen herbeiführt – am besten mit Humor und ohne den anderen zu düpieren, frustrieren oder zu demotivieren. Das ist gar nicht hoch genug zu bewerten! Wer mit anderen Menschen zusammenarbeitet, wird mir beipflichten.

Selbstverständlich ersetzt Humor nicht die bewusste Entscheidung, sich durchsetzen zu wollen. Da der humorvolle Mensch aber per se eine große Portion Durchsetzungsfähigkeit besitzt, mache ich mir diesbezüglich keine Sorgen. Er hebt sich nämlich mit seinen Interventionen deutlich von den anderen ab. Er traut sich, komisch zu sein. Genau dann, wenn andere zitternd vor Angst nicht auffallen wollen und den Humor in den hintersten Winkel ihrer Persönlichkeit verbannen. Er, der Humorvolle, verschafft sich Aufmerksamkeit und Gehör.

Durchsetzungsvermögen ist ohne Humor zwar möglich, aber oft kontraproduktiv, wenig kreativ und strategisch unklug – und damit nicht nachhaltig.

Ohne Durchsetzungsvermögen ist Humor nicht möglich.

Sich durchsetzen zu können, bedeutet, sich zu gestatten, eigene Bedürfnisse, Interessen, Wünsche zu besitzen, die sich von denen anderer unterscheiden. Und sich zu gestatten, diese Bedürfnisse, Interessen und Wünsche als wichtiger zu erachten als die der anderen.

Uiii! Hier wird's schwierig! Denn ein solches Verhalten gilt als egoistisch, dominant, ehrgeizig – jedenfalls als nicht teamfähig. Vor allem

Frauen wurden (werden) dazu erzogen, ihre eigenen Bedürfnisse hintanzustellen und die der anderen zu erfüllen. Die gleichen Frauen übrigens, die dieses selbstlose Verhalten auch noch als wünschenswerten Charakterzug deklarieren, sind die ersten, die bei der allerkleinsten Kritik an ihren Kindern zu Löwinnen mutieren. Bereit und fähig, jede Kindergärtnerin, Lehrerin, Nachbarin und alle Spielkameraden, die die Genialität des eigenen Nachwuchses nicht erkennen, gnadenlos niederzumachen. Sie können sich also durchsetzen. Eben nur nicht für sich selbst.

Das aber genau ist die Voraussetzung für Durchsetzungsfähigkeit: die Überzeugung von der Gerechtfertigtkeit dessen, was man für sich selbst will. Die Fähigkeit zur Abgrenzung. »Ja« zu sich selbst. Und »Nein« zu anderen. Zumindest in manchen Momenten und Zusammenhängen.

Die meisten Menschen haben zwei Probleme mit der Durchsetzung:

- Sie glauben, kein Recht dazu zu haben.
- Sie befürchten, sich Feinde zu schaffen und so Nachteile in Kauf nehmen zu müssen.

Das sind zweifelsohne schwerwiegende Gründe. Aber was haben Sie erreicht, wenn Sie Ihre Ziele und Überzeugungen nicht durchzusetzen versuchen? Welche Vorteile bringt Ihnen ein solches Verhalten? Ruhe? Okay! Keine Konflikte? Auch gut! Respekt? Nein! Freunde? Nein! Macht es Sie stolz und glücklich? Eher nicht! Machen Sie neue Erfahrungen? Mit Sicherheit

Durchsetzung bedeutet, die eigenen Interessen und Ziele realisieren zu wollen.

nicht! Gewinnen Sie an Selbstsicherheit und Souveränität? No! Verändern Sie sich, verändern Sie Ihre Situation, verändern Sie die Situation anderer? Nie und nimmer!

Aber wenn es schiefgeht? Wenn die Durchsetzung nicht gelingt? Tja, dann geht es schief! Zu scheitern ist nicht das Problem. Wir scheitern alle – dauernd. Wenn jeder beschämt den Rückzug antreten würde, bloß weil er sich nicht durchgesetzt hat, gäbe es die FDP gar nicht mehr. Nein, immer wieder aufzustehen und es neu zu versuchen, das ist die Kunst des Lebens. (Die FDP sieht das ganz sicher auch so.)

Nun spreche ich natürlich nicht brachialer Durchsetzung das Wort. Ohne Rücksicht auf Verluste. Das ist nicht nur wenig mitfühlend, das ist auch nicht besonders intelligent. Es könnte nämlich der nachtragenden Chefin übel aufstoßen. Oder den Mitarbeiter düpieren, mit dem man letztlich kooperieren will. Oder Kollegen demotivieren, die andere Interessen oder Vorstellungen haben. Menschen neigen nun mal dazu, sich bei Angriffen aller Art verletzt oder beleidigt zu fühlen. Und sich irgendwie zu wehren.

Das ist das Dilemma! Einerseits kann man ohne Durchsetzungsfähigkeit nichts voranbringen. Andererseits verhindert eine unkluge Durchsetzungsstrategie die Motivation der Mitmenschen. Ohne deren Wohlwollen oder Mitwirkung aber sind die meisten Ideen nicht zu realisieren. Und da kommt der Humor ins Spiel. Denn die Lösung lacht!

Stellen Sie sich vor, ein Kollege schmettert einen Vorschlag / ein Konzept / ein Projekt von Ihnen ab. Begründet, warum er das für »suboptimal« hält, und stellt seinen Vorschlag / sein Konzept / Projekt als logische und zielführende Lösung dar. Vor versammelter Mannschaft. Einschließlich Führungskraft. Wie reagieren Sie? Wenn Sie jetzt antworten, Sie gingen selbstverständlich professionell mit Kritik um und würden das Für und Wider emotionslos abwägen, dann nehmen Sie meinen tief empfundenen Respekt entgegen, überspringen Sie dieses Kapitel und lesen beim nächsten weiter. Für die anderen gilt vermutlich: Sie verteidigen sich – verunsichert, ärgerlich, wütend, beleidigt. Mit Pokerface, wenn es gelingt. Bei den meisten wird die Brüskierung aber doch irgendwie sichtbar. Worüber sie sich später noch mehr ärgern. Einigen wird der Vorfall als unangenehm in Erinnerung bleiben. Oft entsteht ein kleiner, haarfeiner Riss in der Beziehung. Wir sind alle nur Menschen!

Stellen Sie sich nun vor, die betreffende Person überzeugt Sie mit Humor: Mittels lustiger Cartoons betont sie die positiven Seiten Ihres

Konzepts und weist auf die neuralgischen Punkte hin. Ohne Überheblichkeit präsentiert sie dann den eigenen Vorschlag als Lösung. Wieder mit einer Reihe komischer Cartoons! Und einer Verbeugung in Ihre Richtung. Wie würden Sie reagieren? Ich bin davon überzeugt, Sie müssten wenigstens lächeln. Und hätten so Ihre innere Blockade schon ein bisschen reduziert. Vielleicht ließen Sie sich sogar auf eine Diskussion ein. Oder stimmten nach einer kurzen Bedenkzeit Ihrem Kollegen zu. Ohne Ihr Gesicht zu verlieren. Denn Sie würden ihm keine Bösartigkeit unterstellen. Wer so wertschätzend seine Anliegen vorbringt, der will einem nichts Böses. Sie wiederum bewiesen Größe und Souveränität, ein anderes Konzept als Ihr eigenes zu würdigen. Alle hätten gewonnen!

Sollten Sie sich gerade überlegen, dass diese Präsentation mit den Cartoons ja ganz schön aufwendig ist, muss ich Ihnen recht geben. Aber wenn man etwas wirklich durchsetzen will, empfiehlt sich eine gute Vorbereitung.

Manchmal allerdings sind auch bei der humorvollsten Durchsetzung Konflikte vorprogrammiert. Das ist nun mal so. Aber sie können abgemildert werden, wie das folgende Beispiel zeigt.

Sie arbeiten mit einem Kollegen an einem bestimmten Projekt. Ihr Kollege macht Dienst nach Vorschrift und überlässt den arbeitsintensiven Teil mit schöner Regelmäßigkeit Ihnen. Sie ärgern sich. Sie ärgern sich sogar sehr. Nach langen inneren Kämpfen treffen Sie die Entscheidung, sich nicht mehr ausnutzen zu lassen. Und das werden Sie ihm mitteilen. Heute noch! Selbstverständlich waren Sie so intelligent, für Rückendeckung zu sorgen, Plan B und C zu entwickeln. Nur für den Fall, dass der Kollege sich nicht überzeugen lassen sollte. Sie erklären ihm also Ihren Unmut und Ihren Vorschlag, wie in Zukunft Ihre Zusammenarbeit auszusehen hätte. Selbstverständlich rudern Sie nicht nach seiner ersten Replik zurück. Sie verteidigen sich nicht. Sie steigen nicht auf eine Diskussion ein. Sie bleiben bei Ihrer Meinung. Der Kollege wird sauer. Wahlweise ignorant, zickig, beleidigt, laut. Er versucht, Sie auf jede erdenkliche Art und Weise von Ihrem Vorsatz abzubringen. Nun gibt es zwei Möglichkeiten. Sie brechen an dieser Stelle das Gespräch und jede Kooperation ab. Ihre Arbeitsatmosphäre wird damit in Zukunft deutlich eisiger. Oder Sie schweigen und halten ein Schild hoch. Ein Schild, auf dem steht: »Nein!« Dabei lächeln Sie den Kollegen freundlich an. Gleichzeitig dekorieren Sie Ihren Schreibtisch mit anderen Schildern. Auf denen steht beispielsweise »Zusatzarbeitsannahmeverweigerung«, »Ich kämpfe für mehr Gerechtigkeit im Arbeitsalltag« oder »Arbeit ist für alle da«. Und über Ihren Bildschirmschoner läuft »Nein! No! Njet!«. Sie müssen allerdings knallhart bei Ihrer Entscheidung bleiben. Und bei den Schildern. Sonst klappt das Spiel nicht. Irgendwann gibt er auf, der Kollege. Wetten?

Und nun zu einer Situation, die die meisten von uns so oder so ähnlich schon erlebt haben: Sie möchten etwas bekommen, was nicht so einfach zu bekommen ist. Heißt: Die Ressource ist knapp und deswegen umkämpft. Zum Beispiel ein höheres Gehalt oder eine höhere Stufe auf der Karriereleiter. Ein erstes Gespräch darüber steht an. Sie bereiten sich also vor. Genauso wie Ihr Mitbewerber, der genau das gleiche Ziel hat. Er überlegt sich nämlich auch sehr genau seine Argumente auf die Frage, welche Vorteile das Unternehmen davon hätte, ihm mehr Geld zu zahlen oder eine bessere Position anzubieten. Und dann zählt er seine Leistungen auf, von »A« wie »achtsam« über »F« wie »fleißig«, »I« wie »intelligent«, »P« wie »pünktlich« und »Z« wie »zuverlässig«. Manchmal fallen auch noch Begriffe wie »analytisch«, »durchsetzungsfähig«, »Führungspotenzial«, »innovativ«, »motivationsstark«, »strategisch« et cetera. Das ist schön. Das denkt sich auch die Führungskraft. Und langweilt sich zu Tode! Weil diese Begriffe lediglich die Minimalvoraussetzungen für eine Beförderung oder eine Gehaltserhöhung beschreiben. Und das auch nur aus Sicht des Mitarbeiters, der bisher mit keinem Wort erwähnt hat, welche Vorteile das Unternehmen von seinem Aufstieg hätte. Wie und wo er sich von den Mitbewerbern abhebt. Warum, bitte schön, sollte man ihm mehr Geld oder eine höhere Stellung anbieten? Weil er »zuverlässig« ist oder »Führungspotenzial« hat? Mit Verlaub: Ja und? Das hatte auch meine Oma! Für eine Führungsposition oder mehr Gehalt reicht das nicht!

Dennoch argumentieren viele Menschen so oder so ähnlich. Aber nicht Sie! Sie haben sich überlegt, wie Ihr Gegenüber und wie Ihr Unternehmen »tickt«. Welche Argumente dazu führen könnten, Ihr angestrebtes Ziel auch zu erreichen. Aus Sicht des Unternehmens, versteht sich. Und die schreiben Sie auf. Selbstpräsentation bedeutet, sich gut zu verkaufen: Der Köder muss dem Fisch schmecken, nicht dem Angler. Sie haben sich daher eine besondere Präsentation überlegt. Eine Präsentation, die Ihre Argumente einzigartig und humorvoll darstellt. Und zeitsparend! Time is money. Und die Zeit von Führungskräften ist besonders teuer! Sie brauchen für Ihre Ausführungen nur 6 Minuten und 40 Sekunden. Exakt. Dann sind Sie durch! Und Ihr Gegenüber im Bilde! Das ist schon der erste Pluspunkt. Wie das gehen soll? Zum Beispiel mit einer »Pecha-Kucha-Präsentation«[3], einem Vortrag, in dem Sie kurzweilig und pointiert Ihr Anliegen in 20 Bildern, die jeweils nur 20 Sekunden sichtbar sind, aufzeigen. Da kann gar keine Langeweile aufkommen. Das ist neu! Das ist kreativ! Und humorvoll! Ihr Gegenüber wird begeistert sein. Und Sie sammeln Pluspunkte en masse. Das führt zum Ziel. Zu Ihrem Ziel!

Übung 52

Sammeln Sie Situationen, in denen Sie sich schon lange durchsetzen wollten. Egal ob privat oder beruflich. Überlegen Sie sich für jede dieser Situationen Argumente und Gegenargumente. Was spricht dafür, was spricht aus Sicht des Gesprächspartners dagegen? Bestimmen Sie Ihre eigene »Deadline«: Bis zu welchem Punkt sind Sie kompromissbereit? Schaffen Sie sich ein Durchsetzungshumorrepertoire! Wenn Sie sich sicher genug fühlen, probieren Sie es aus. Morgen schon! Humor setzt sich durch!

Humor befördert Sie zur Top-Führungskraft

So schnell kann es kommen: eben noch durchsetzungsfähig im Team und nun schon Top-Führungskraft! Ich hab es ja versprochen. Wir müssen uns allerdings zuerst darüber verständigen, was eine gute Führungskraft eigentlich ausmacht. Welche Eigenschaften muss sie haben? Welche Persönlichkeitsmerkmale? Welche Kompetenzen und Qualifikationen muss sie besitzen? Was gehört zu ihren Aufgaben? Ich habe weder Kosten noch Mühen gescheut und die einschlägige Literatur zurate gezogen. Danach habe ich mich durchs Internet gegoogelt und bin zu folgendem Ergebnis gekommen: Nichts Genaues weiß man nicht! Was man natürlich nicht zugeben darf.

Eines aber ist klar: Führungskräfte sind wichtig. So wichtig, dass jeder Coach am allerliebsten Führungskräfte coacht und jeder Trainer am allerliebsten Führungskräfte trainiert. Sind Mitarbeiter also weniger wichtig? Warum lassen wir sie dann nicht weg, die Mitarbeiter? Und reden nur noch über Führungskräfte? Heutzutage ist doch sowieso fast jeder ein Manager. Das mittelständische Unternehmen bei mir um die Ecke zum Beispiel hat einen sehr sympathischen Facility-Manager namens Hans. Früher war Hans Hausmeister. Heute hört er diese Berufsbezeichnung sehr ungern. Ich kenne Unternehmen, da wimmelt es nur so von Prozessmanagern und Produktmanagern. Wenn man genauer hinguckt, haben diese Manager so gar keine Führungsaufgaben. Sie arbeiten entweder in Stabsfunktionen oder sind schlicht Sachbearbeiter.

Führung heißt auf neudeutsch sehr gerne auch »Leadership«. »Führung« und »Führer« kommen in Deutschland nicht so gut an. Da klingt »Leader« viel unverdächtiger. »Boss« allerdings heißt in NKOs (Nicht Kriminelle Organisationen) überhaupt niemand mehr. Als Erfinder des Begriffs »Leadership« gilt der Harvard-Professor John P. Kotter, der 1982 den Unterschied zwischen Managern und wahren Führern (Leadern) erklärte. Demnach seien Manager eher Verwalter, Leader dagegen Visionäre. Management stehe für die Organisation der Unternehmensprozesse, einschließlich Planung und Kontrolle. Leadership bedeute, Visionen zu entwerfen und die Mitarbeiter zu motivieren. Leadership erschaffe Kreativität, Innovation, Sinnerfüllung und Wandel.[4]

Und was sagt Wikipedia?

»Eine **Führungskraft** *ist eine Person, die Führungsaufgaben in einer Organisation allgemein oder einem Unternehmen wahrnimmt, wobei es sich bei der Führung um eine (von mehreren) Managementaufgaben (Planung, Organisation, Führung und Kontrolle) handelt. Die Begriffe Manager und Führungskraft werden häufig synonym verwendet, obwohl sie sich in den erforderlichen Kompetenzen unterscheiden. Führung ist ein Teilbereich des Managements, folglich benötigen Führungskräfte vor allem Führungskompetenzen, während Manager über Managementkompetenzen verfügen müssen.«*[5]

»Der Begriff **Management** *hat zwei Bedeutungen. Die eine beschreibt die Funktionen (Aufgaben), die Manager zu erfüllen haben. Dazu zählen seit Henri Fayol (1916) vor allem Planung, Organisation, Führung, Koordination und Kontrolle. Folglich ist Führung ein Teilbereich des Managements, obwohl beide Begriffe häufig synonym verwendet werden. Die zweite Bedeutung des Begriffs beschreibt die Personen, die diese Aufgaben wahrnehmen und die damit verbundenen Rollen ausüben. Diese kann man analog zur Organisationspyramide in ein oberes, mittleres und unteres Management unterteilen. Die zur Durchführung von Managementaufgaben notwendigen Fähigkeiten kann man (…) in technische, soziale und analytische Kompetenzen gliedern. Beispiele für technische Fähigkeiten sind (neben Technologiekenntnissen) Kosten- und Investitionsrechnung, Projektplanung, Qualitätskontrolle und der Umgang mit Kennzahlensystemen. Zu den sozialen Fähigkeiten zählen unter anderem Führung, Motivation, Kommunikation, Konfliktlösung oder die Erfüllung der Vorbildfunktion. Schließlich benötigen Manager analytische Fähigkeiten wie zum Beispiel Problemlösung, strategisches Denken, Risikoabwägung sowie ein ganzheitliches Verständnis der Funktionsweise eines Unternehmens und der Interdependenz seiner Bereiche (Unternehmensfunktionen) wie zum Beispiel Marketing, Produktion, Finanzen und Verwaltung.«*[6]

Eine Führungskraft bzw. ein Manager muss also viele Kompetenzen und Qualifikationen besitzen! Hab ich es mir doch gedacht! Aber kann das wirklich ein einzelner Mensch alles leisten? Müsste er dann nicht ein Überflieger sein? Hochintelligent, hochkommunikativ, visionär, empathisch bis zum Umfallen und gleichzeitig durchsetzungsfähig ohne Ende? SuperWoMan? Wo kann man sie / ihn besichtigen?

Ohne jemanden beleidigen zu wollen: Ich kenne viele Führungskräfte oder Manager auf verschiedenen Karrierestufen. Niemand, wirklich niemand entspricht diesem Idealbild. Wie auch? Menschen besitzen unterschiedliche Charaktere, unterschiedliche Fähigkeiten und sind unterschiedlich geeignet. Manchmal sind sie auch gar nicht geeignet. Einige dieser Kompetenzen kann man in Management- oder Führungskräftetrainings erlernen. Ich kenne aber auch Führungskräfte oder Manager, die ohne Weiterbildung hervorragend als Führungskräfte arbeiten.

Sie sehen schon: Hier kommen wir nur mit Humor weiter. Die Ansprüche sind hoch und nur die allerwenigsten können sie alle erfüllen. (Die armen Ansprüche!) Sich mit der eigenen Persönlichkeit und Unvollkommenheit zu versöhnen und trotzdem sein Bestes zu geben, wäre ein humorvoller Schritt in die richtige Richtung. Allerdings scheint es sich hierbei um ein Tabu zu handeln. Leider. Denn der Anspruch, perfekte Führungskräfte oder perfekter Manager sein zu müssen, bewirkt oft genau das Gegenteil: Sie setzen sich unter Druck. Sie haben Angst zu versagen. Sie befürchten, nicht ernst genommen zu werden. Sie arbeiten ohne Spaß. Ihre Leistung leidet. Sie geben den Druck an ihre Mitarbeiter weiter. Und werden das, was sie am meisten fürchten: schlechte Führungskräfte oder schlechte Manager. Vorgesetzte eben. Selbsterfüllende Prophezeiung nennt man das. Oder neudeutsch: *Selffulfilling Prophecy.*

Einigen wir uns darauf: Im wirklichen Leben gibt es die perfekte Führungskraft oder den perfekten Manager nicht. Denn der Kontext, in dem Führung stattfindet, bestimmt die Ansprüche und damit die Bewertung der Führungsqualität. Vielleicht ist jemand für ein Start-up-Unternehmen hervorragend geeignet, aber für eine schon lange auf dem Markt bestehende Firma eine Fehlbesetzung als Führungskraft. Oder jemand kann zwar eine Gruppe hochkreativer Werbeprofis kongenial anleiten, ist aber als Führungskraft in einem Ministerium völlig ungeeignet. (Was auf gar keinen Fall despektierlich gemeint ist.) Mancher mag eine Projektgruppe zu umwerfenden Erfolgen führen, in einer streng hierarchischen Unternehmenskultur ist er ein Fremdkörper. Niemand ist immer und unter allen Umständen eine gute Führungskraft. Nicht nur nicht in der Wirtschaft. Das geschieht auch in der Politik. Und bei Fußballtrainern im Herrenfußball. (Beim deutschen Damenfußball-Nationalteam passiert so etwas nicht. Die Trainerin Silvia Neid trainiert die DFB-Frauen seit 2005 erfolgreich und wurde gerade zur Welttrainerin gekürt.) Die Situation und die Individuen müssen eben zueinanderpassen.

Deswegen frage ich nicht mehr, was eine gute Führungskraft ausmacht. Ich frage andersherum: Welche sind die gravierenden Fehler, die eine Führungskraft begehen kann? Genau diese Frage stellte Steven Sonsino in seinem Buch »*Seven failings of really useless leaders*«. Und kam zu folgenden Ergebnissen: Schlechte Führung kann das Arbeitsklima nachhaltig vergiften. Es demotiviert. Und zwar so sehr, dass 20 Prozent der deutschen Arbeitnehmer zu subversiven Störenfrieden mutieren, die das Unternehmen viel Geld kosten. 55 Prozent der Deutschen machen Dienst nach Vorschrift. Was nicht auf überbordenden Enthusiasmus, Motivation und Spaß an Leistung schließen lässt.[7] Und das liegt an folgenden Fehlern:

- ✿ Zu viel Kontrolle zerstört den Enthusiasmus der Mitarbeiter.
- ✿ Emotionen werden ignoriert und abgewertet.
- ✿ Die Kommunikation über Unternehmensvisionen und Strategien fehlt.
- ✿ Die Mitarbeiter werden nicht in Entscheidungen und Unternehmensprozesse einbezogen.
- ✿ Perfektionismus verhindert Innovation. Fehler werden nicht toleriert.
- ✿ Anreize bzw. Motivation fehlen.
- ✿ Unfairness und Ungleichbehandlung zerstören Vertrauen.

Meine Damen und Herren, nun können wir gemeinsam aufatmen: Denn diese Fehler kann eine Führungskraft vermeiden! Allerdings nur, wenn sie ihr Humorpotenzial entwickelt!

Für einen Menschen, der sein Humorpotenzial noch nicht entwickelt hat, ist das dagegen sehr schwer. Sind solche Fehler doch das Resultat der eigenen Biografie. So bedeutet zu viel Kontrolle oft, die eigene Unsicherheit kaschieren zu wollen, oder auch mangelndes Vertrauen zu sich selbst, was dann projiziert wird. Das Bild des toughen, coolen Machers (die meisten Führungskräfte sind männlich. So ist die Realität!) verträgt sich so gar nicht damit, Emotionen und Fehler zuzulassen. Noch schwieriger wird es, wenn die gesamte Unternehmenskultur von Kontrolle und Misstrauen geprägt ist. Doch dazu später.

Selbsterkenntnis ist der erste Weg zur … Sie wissen schon! Der humorvolle Mensch kann Fehler sogar annehmen. Und dann dennoch versuchen, sich zu ändern. Er kann Witze über sein eigenes Scheitern reißen. Vor seinen Mitarbeitern. Ungefähr so: »Ich weiß, ich neige dazu, zu viel zu reden. Ich bemühe mich, es zu unterlassen. Aus diesem Grunde habe ich Heftpflaster mit. Hier ist es.« Selbstverständlich ist der humorvollen Führungskraft klar, dass Fehler Wege zum Ziel sind und sogar zu Innovationen führen können.

Wer Humor hat, ist intelligent und selbstsicher genug, eigene Fehler zu erkennen.

Ein Umfeld zu kreieren, in dem Fehler zum Erfolg dazugehören, Eigenständigkeit und Selbstverantwortung erwünscht sind, ist für die humorvolle Führungskraft ein Leichtes. Genauso wie loben, delegieren, Vertrauen schaffen. Selbstverständlich kommuniziert sie. Sie kann nicht anders. Und motiviert. Was das Zeug hält. Sie weiß, dass das Verhalten von Menschen durch Emotionen bestimmt wird. Deswegen kann sie diese Ebene gut ansprechen. Die humorvolle Führungskraft muss nicht cool sein. Im Gegenteil. Sie ist souverän. Sie führt wirklich. Sie verdient den Begriff »Führungskraft«. Und warum? Weil sie eine Vorbildfunktion hat. Weil sie eine Persönlichkeit besitzt. Weil sie Menschen inspiriert. Zu einem Ziel hin und zu gemeinsamen Erfolgen! Humor liegt im Führungstrend. Und das ist auch gut so! In Zeiten weltweiter wirtschaftlicher Veränderungen sichern Innovation, Kreativität, Kommunikation und Motivation das ökonomische Überleben. Die Meinung, dass Spaß an der Arbeit dem Ernst der Aufgabe widerspräche und somit unseriös sei, ist nicht nur obsolet. Sie verhindert Wachstum.

Der ehemalige Porsche-Chef Wendelin Wiedeking antwortete auf die Frage, ob bei Porsche nicht mehr gelacht werden dürfe, wenn es Probleme gibt: »Wer bei mir Leistung bringt, darf auch humorvoll sein.«[8] Tja, vermutlich dachte sich Ferdinand Piëch, Chef von Volkswagen und Gewinner im Übernahmekampf Porsche gegen Volkswagen: »Wer zuletzt lacht, lacht am besten«, denn Herr Wendelin Wiedeking musste Porsche verlassen. Dabei hat er sich nur dem europäischen und deutschen Wertesystem entsprechend geäußert: Spaß und Humor gelten oft als unvereinbar mit Führung und Management. Wer führt, hat keinen Humor zu haben. Führung ist ernsthaft, schwierig, verantwortungsvoll, bedeutsam. Dieser Anspruch wird nicht nur »oben« vertreten, sondern auch »unten«, also von den »Geführten«. Spaß, eine gewisse Leichtigkeit gehören nicht hierher. In den USA dagegen liegen Ernst und Unterhaltung schon lange sehr viel näher beieinander. Angesichts der Tatsache, dass »Motivation«, »Veränderung« und »Nachhaltigkeit« die Trendthemen in den Unternehmen und in der Wirtschaft darstellen, tut Änderung im Denken und Handeln not. Und es ändert sich!

Ja, es gibt Unternehmen auch in Deutschland, die laut Thomas Holtbernd, seines Zeichens Humortrainer,[9] das Potenzial von Humor als Erfolgsstrategie in der Wirtschaft erkannt haben: Robert Bosch, die Audi-Akademie, Kaufhof und DaimlerChrysler. Sie führten Humorseminare und Humorworkshops

Humor gehört auch in Unternehmen.

für Führungskräfte und Mitarbeiter durch. Meine eigenen Erfahrungen bestätigen den Trend: Mittelständische Firmen unterschiedlicher Branchen, Unternehmensberatungen und Verwaltungen haben ebenfalls die Zeichen der Zeit erkannt. Sie buchen Humortrainings für Führungskräfte und Mitarbeiter. Sie wollen vor allem zum Thema

»Mitarbeiter- und Kundenmotivation mit Humor« beraten werden. Nicht immer, aber immer öfter!

Okay, okay, werden Sie sich sagen. Angekommen! Aber wie kann denn »Führen mit Humor« in der Praxis funktionieren? Na, so zum Beispiel wie im Folgenden beschrieben.

Vision und Inspiration

Welche Vision steht hinter der Leistung Ihrer Abteilung oder Ihres Projektes? Kennen Ihre Mitarbeiter diese Vision? Wissen sie, dass ihre Arbeit für das Unternehmen wichtig ist? Dass ohne ihre Leistung das Unternehmen gar nicht funktionieren kann? Ich spreche jetzt nicht von den ganz großen Projekten wie Fusionen, Einführung von neuer Software und so weiter. Die Abteilung »Unternehmenskommunikation« sorgt in solchen Fällen für Aufklärung via Hochglanzbroschüren, Intranet, Veranstaltungen. Ich meine die Vision, die Mitarbeiter brauchen, um ihre ganz normale Tätigkeit mit Enthusiasmus und Engagement zu erfüllen.

Lassen Sie doch einmal Ihre Mitarbeiter den Stellenwert ihrer Tätigkeit und die Vision dahinter erleben! Wie kann zum Beispiel die Vision einer Abteilung von Schichtarbeitern aussehen, die Flugzeugturbinen instand hält? Entwickeln Sie mit Ihrer Abteilung eine solche Vision. Und zwar nicht nur mit Worten. Sondern anhand von Playmobilfiguren! Nach dem Motto: Wir basteln uns unsere eigene Vision! Sie glauben gar nicht, was eine solche Aktion an Inspiration, Motivation und Wir-Gefühl bewirkt. Den gleichen positiven Effekt erzielen Sie auch, wenn es sich um die übergeordnete Unternehmensvision handelt.

Visionen schaffen ein Wir-Gefühl.

Kommunikation mit Mitarbeitern

Fragen Sie sich einmal selbst: »Wie möchte ich am liebsten geführt werden?« Die Antwort lautet: »Mit Respekt. Höflich. Wertschätzend.« Das sei ein alter Hut? Da hätten Sie von mir mehr erwartet?

Gemach, gemach! Natürlich wissen Sie um die große Motivationskraft von Respekt und Höflichkeit. Klar! Sie sind ja emotional intelligent. Sie sind sogar so emotional intelligent, dass Sie auch noch Humor besitzen. Das unterscheidet Sie von anderen Führungskräften.

Sie kennen nicht nur die Namen Ihrer Mitarbeiter. Sie kennen sogar Ihre Geburtstage. Na gut, jedenfalls dann, wenn der Computer es Ihnen sagt. Und Sie gratulieren! Aber nicht mit 08/15-Blumensträußen! Sie haben sich mit Ihren Mitarbeitern beschäftigt! Sie wissen, dass Herr Jung in seiner Freizeit ein Fußballfan ist. Deshalb schenken Sie ihm eine Karte zum Eröffnungsspiel der Saison. Sie wissen, dass Frau Hase Kuhgeschirr sammelt und gerne Tango tanzt und Sie finden für sie eine Tasse mit einer Tango tanzenden Kuh. Ob das nicht ein bisschen zu viel des Guten sei? Schließlich müssten Sie ja auch noch arbeiten? Gut! Die Tango tanzende Kuh ist ein bisschen schwer zu bekommen. Vielleicht schenken Sie ihr eine Karte zu einem Tango-Event. Ohne Kühe. Oder eine Karte für den Streichelzoo. Mit Kühen. Respekt und Wertschätzung mit Humor als Motivationsfaktor sind in jedem Fall unschlagbar. So gewinnen Sie das Engagement, die Leistungsbereitschaft und das Vertrauen Ihrer Mitarbeiter.

Humor steigert das Gefühl von Wertschätzung ganz erheblich.

Lob ist Belohnung und motiviert.

Kommunizieren Sie, was das Zeug hält! Senden Sie E-Mails bei allen möglichen Gelegenheiten: Glückwünsche, Gratulationen, einen Montags- oder einen Schlechtes-Wetter-Gruß!

Bedanken Sie sich für die Leistungen Ihrer Mitarbeiter. Auch wenn sie noch so selbstverständlich sind. Loben Sie! Nichts spornt mehr an als Lob. Wir Menschen funktionieren so. Lob bedeutet Belohnung. Steht eine Belohnung in Aussicht, strengen wir uns an. Laden Sie Ihr Team für hervorragende Arbeit ins Kino ein, bestellen Sie ein Bürogolf-Equipment und veranstalten Sie Golfwettbewerbe auf dem Flur. Oder besuchen Sie eine Karaoke-Bar.

Veranstalten Sie mit den Mitarbeitern ein Quiz. Thema: Ihr Unternehmen bzw. Ihre Abteilung. Die Fragen sollten eine Mischung aus Information und Unterhaltung sein. So wird nicht nur die Sachebene, sondern sofort auch die Beziehungsebene angesprochen. Zum Beispiel: Wann wurde unsere Abteilung gegründet? Wer arbeitet hier? Wer hat drei Kinder? Mit wem? Wie viel Umsatz machen wir? Wer hält die lustigsten Präsentationen? Wer hasst das Essen in unserer Kantine? Was ist unser USP? Welche Produkte und Dienstleistungen verkaufen wir? Welches ist unser Hauptziel in diesem Jahr? Wie viele Kilo habe ich in den letzten drei Monaten zugenommen? Erarbeiten Sie mit den Mitarbeitern verbindliche Spielregeln. Aus ihnen geht hervor, wie sie miteinander umgehen. Nicht vergessen: Wir haben Spaß!

Kommunikation mit Azubis

Ein mir bekannter Koch und Besitzer eines Restaurants hatte ein Problem mit einem Auszubildenden. Dieser sollte Frikadellen zubereiten. Der Azubi formte also eifrig Frikadellen. Sie besaßen allerdings einen winzigen, aber entscheidenden Fehler: Sie waren alle verschieden groß. Verschieden große Frikadellen sind ausgesprochen schwer zu verkaufen. Das ist die Krux. Anstatt aber nun den Azubi zu maßregeln, entschied sich der Koch zu folgender Intervention: Er bat den Azubi kommentarlos, die unterschiedlich großen Frikadellen zu braten. Und sie anschließend in der Verkaufsvitrine auszulegen. Allerdings mit der Maßgabe, jeder Frikadelle einen gesonderten Preis zuzuordnen. Der unterschiedlichen Größe wegen. Der Azubi malte brav verschiedene Preisschildchen. Nach getaner Arbeit beschwerte er sich vehement bei seinem Chef, dass es doch kompletter Blödsinn sei, Frikadellen unterschiedlich auszupreisen. Es sei doch viel besser, gleich große Frikadellen herzustellen. Dann könne man sich das mit den Preisen auch schenken. Das sah dann auch der Koch ein.

Eine meiner Bekannten ist Geschäftsführerin einer Unternehmensberatung. Auch sie bildet Azubis aus. Einer von ihnen arbeitete leider eher »suboptimal«. Was er selbst allerdings nicht einsah. Er fand sich und seine Leistung toll. Meine Bekannte stieß daher auf eine ausgewachsene Kritikresistenz. Ich riet ihr, dem jungen Mann folgende Aufgabe zu stellen: Er sollte unter Zuhilfenahme aller technischen Möglichkeiten, die Computer und Internet so hergeben, eine Präsentation vorbereiten. Gerne mit Film und Musik. Diese Präsentation sollte seine Leistung in einen Bezug zu seinen Aufgaben stellen und einer Bewertung unterziehen. Der junge Mann war höchst angetan von dieser Aufgabe, hatte sie doch aus seiner Sicht zwei Vorteile: Er durfte sich einen ganzen Tag mit sich selbst beschäftigen. Und er durfte jeden technischen Schnickschnack ausprobieren, der ihm in die Hände fiel. Am Abend stellte er seiner Chefin die Ergebnisse vor, die ganz anders als erwartet aussahen. Im Laufe seiner Beschäftigung hatte er einsehen müssen, dass ein gewisses Optimierungspotenzial seiner Leistungen vorhanden war. Jetzt konnte das Feedback meiner Freundin auf fruchtbaren Boden fallen. Das Verhalten des Azubis und seine Leistung veränderten sich ausgesprochen positiv.

Kritikgespräch

Stellen Sie sich vor, sie wollen Kritik an einem Ihrer Mitarbeiter, aus welchem Grund auch immer, üben. Sie beide wissen Bescheid und für beide ist dieses Gespräch unangenehm. In Tausenden von Führungskräftetrainings wird gelehrt, Kritikgespräche mit Sätzen wie »Ich freue mich, dass Sie Zeit gefunden haben, diesen Termin wahrzunehmen« zu eröffnen. Alle Beteiligten wissen, dass diese Eröffnung gar nicht ernst gemeint sein kann, denn der Mitarbeiter hat gar keine andere Wahl, als der »Einladung« früher oder später zu folgen. Schon ab diesem Moment könnten sich die Gesprächspartner das Gespräch schenken, denn es wird nichts Ehrliches oder Nachhaltiges herauskommen.

Fangen Sie also mal anders an, nämlich ehrlich und durchaus provokativ: »Frau Gänseblum, die unschöne Wahrheit ist, dass ich mich nicht freue, dass Sie Zeit gefunden habe, zu diesem Gespräch zu kommen. Mir wäre es bedeutend lieber, das Gespräch würde gar nicht erst stattfinden. Aber leider gehören Kritikgespräche zu mei-

Kritikgespräche lassen sich auch humorvoll führen.

nem Job. Ich habe schon immer versucht, diese Aufgabe zu delegieren. Aber keiner will sie haben. Wollen Sie vielleicht? Kritikgespräche führen? Für mich? Dann könnten Sie nämlich gleich mit sich selbst anfangen! Und ich wäre den Schwarzen Peter los! Was würden Sie sich denn sagen?« Das ist sehr provokativ. Verfehlt aber nie die Wirkung.

Teambesprechungen und Meetings

Führungskräfte laufen Tag für Tag durch ihr Unternehmen – von Meeting zu Meeting. Meetings gelten als ausgesprochen wichtig! Daher sind sie sehr zeitintensiv. Die meisten Menschen langweilen sich allerdings in diesen Versammlungen zu Tode. Hinter vorgehaltener Hand werden sie oft als nicht effizient bewertet. Das ist sehr schade. Wenn nicht sogar kontraproduktiv: Führungskräfte und Mitarbeiter verbringen viel Zeit in Meetings, die nicht viel bringen. Umfragen haben ergeben, dass 32 Prozent der Meetings ungenügend vorbereitet sind und 31 Prozent ohne konkrete Ergebnisse enden. 26 Prozent haben keine klare Zielsetzung. 20 sind komplett überflüssig.[10] Da ist es doch sinnvoll, eine solche Besprechung anders zu gestalten.

Erklären Sie also zu Anfang, Sie hätten einen schweren Tag gehabt. Oder noch vor sich. Je nachdem. Sie seien heute nicht mehr gewillt, sich von sich selbst noch von den geschätzten Kollegen langweilen zu lassen. Außerdem wüssten Sie sehr wohl, dass unter dem Tisch SMS verschickt würden. Aus diesem Grunde bäten Sie die sehr verehrten Kollegen, sich ihre Powerpoint-Präsentationen zu sparen. Und sich auf das Wesentliche zu konzentrieren. Es sei nämlich zeitsparender, die Themen mittels eines Flipcharts auf den Punkt zu bringen. Ohne sie durch 150 Projektionen an der Wand zu verwässern.

Meetings dürfen mit Vergnügen effizient sein.

Es wird Sie wundern, was dabei herauskommt, wenn Menschen nicht »schwafeln« dürfen. Um den Kollegen nicht das Gefühl zu geben, ins offene Messer zu laufen, kann man eine solche Veränderung des Ablaufs natürlich vorher ankündigen.

Fordern Sie Ihre Teammitglieder auf, zum nächsten Meeting in ihrem Lieblings-T-Shirt zu kommen. Das lockert die Atmosphäre auf und unterstützt die Kreativität.

Erinnern Sie sich an die Übung 40 aus dem Kapitel »Humor verbessert die Teamfähigkeit«? Das habe ich gehört, das gemurmelte »Nein«! Ich frische Ihre Erinnerung schnell auf: Stellen Sie bei Meetings eine Schale mit Mon-Chéri-Pralinen und eine mit in Essig getränkten Wattebäuschen auf den Tisch. Bei konstruktiver Kritik bzw. Lob sollen die Teammitglieder die Pralinen, bei negativer Kritik die Watte werfen. Auch das verändert die Atmosphäre eines Meetings kolossal ins Kreative. Das meine ich nicht ironisch.

Sie können auch vorher ankündigen, dass das Thema »Effizienz, Motivation und Innovation« ganz oben auf der Agenda steht. Und Sie deshalb nach ausführlichen Diskussionen mit externen Beratern (dann haben Sie gleich einen Sündenbock!) zu dem Schluss gekommen sind, eingefahrene Strukturen zu durchbrechen. In diesem Sinne bitten Sie die anwesenden Kollegen, Mitarbeiter oder Gesellschafter / Geschäftsführer, mit beiden Händen die Außenseite ihrer Ohrläppchen von unten nach oben zu massieren. Das fördert die Durchblutung, die Aufnahmefähigkeit und die Kreativität. Wirklich!

Krise

Funktioniert Humor auch in Krisensituationen? Wenn zum Beispiel die gewünschte Kennzahl nicht erreicht wurde und das gesamte Team unter Druck gerät? Wenn durch Krankheit zu wenig Personal vorhanden ist und alle zusätzliche Schichten einlegen müssen?

Selbstverständlich funktioniert Humor auch in Krisenzeiten! Besonders dann sind Humorinterventionen sehr sinnvoll. Zumal Sie als Führungskraft ja Humor schon vorher eingesetzt haben und sich auf das Wir-Gefühl Ihres Teams verlassen können. Es gehört natürlich ein bisschen Erfahrung und Fingerspitzengefühl dazu. Benennen Sie die Situation! Offen. Ohne Beschönigung. Humorvoll. »Ich fühle mich wie eine Frikadelle in einem Hamburger. Von oben kommt Druck, von unten kommt Druck. Und wir dazwischen. Es gibt nur eine Möglichkeit: Wir müssen da jetzt durch. Und

Selbstverständlich funktioniert Humor auch in Krisenzeiten.

mehr arbeiten. Geht nicht anders! Ich weiß überhaupt nicht, wie ich das meinem Mann beibringen soll. Wir hatten ein Wochenende geplant. Er wird stinksauer sein. Vielleicht mag mich jemand von Ihnen nach Haus begleiten. Ich hab Angst.«

Menschen wollen ihre Gefühle äußern. Besonders wenn sie negativ sind. Wird ihnen das verwehrt, entstehen Reibungsverluste. Passiert das mehrfach, können sich inoffizielle Unternehmenskulturen entwickeln, die die Produktivität und Motivation unterlaufen.

Behalten Sie humorvoll den Überblick und führen Sie durch die Krise: »Ich werde die erste Schicht übernehmen. Freiwillig. Wie teilen wir die Arbeit weiter auf?« Damit haben Sie sich nicht nur solidarisch verhalten, sondern auch noch vorbildlich!

Mit Humor führt man besser durch gefährliche Gewässer.

Übung 53

Überlegen Sie sich, wie Sie Ihren Führungsalltag respektvoll, wertschätzend und humorvoll gestalten. Entwickeln Sie Strategien. Erarbeiten Sie Beispiele. Schreiben Sie sie auf. Wenn Sie mögen, senden Sie mir Ihre Vorschläge zu. Die originellsten veröffentliche ich auf meiner Homepage.

Humor motiviert Sie und Ihre Kollegen

Es gibt wirklich wenige Dinge, die eine so unumstrittene Bedeutung haben wie Motivation für den unternehmerischen Erfolg. Wer Leistung will, muss motivieren. Warum eigentlich? Weil es nicht selbstverständlich ist, dass Mitarbeiter sich engagiert den Zielen ihres Unternehmens verschreiben. Nein? Das ist aber schade. Obwohl, warum sollten sie auch? Es reicht ja, wenn sie Dienst nach Vorschrift leisten. Zumindest den schon erwähnten 55 Prozent aller Deutschen.

Laut Steven Sonsino[11] verkaufen Mitarbeiter mit ihrem Arbeitsvertrag lediglich 51 Prozent ihrer Leistungsfähigkeit. Die anderen 49 Prozent muss das Unternehmen aus ihnen herauskitzeln. Und wie macht es das? Na klar, mit Mitarbeitermotivation! Leider ist das mit der Mitarbeitermotivation aber so eine Sache. Sie ist nämlich kein Werkzeug – oder neudeutsch: kein Tool –, das auf Knopfdruck perfekt funktioniert. Manager suchen gerne nach perfekten Motivationstools. Und finden sie auch – vermeintlich. Allerdings heißen diese Motivationstechniken dann Manipulationstechniken. Was jetzt nicht das Problem wäre. Für die Manager. Die Sache hat nur einen Haken: Menschen lassen sich nicht dauerhaft manipulieren. Schon gar nicht gegen ihren Willen. Sie lassen sich noch nicht einmal dauerhaft motivieren. Was? Jawohl! Man kann niemanden motivieren, wenn der nicht motiviert werden will! Privat nicht und beruflich schon gar nicht.

Der Schweizer Schulleiter Peter Fratton formulierte als Resümee seiner Tätigkeit vier pädagogische Urbitten:

> Bringe mir nichts bei,
> erkläre mir nichts,
> erziehe mich nicht
> und vor allen Dingen motiviere mich nicht.[10]

Herr Fratton meint damit Folgendes: Motivation kann von außen kommen. Der Motivationsfaktor muss aber auch innen als motivierend erlebt werden. Sonst passiert nicht viel. Da können Sie »Tschaka« schreien und sich auf die Brust trommeln, wie Sie wollen!

Oder Mantren murmeln wie: »Ich bin erfolgreich und verfolge konsequent meine Ziele.« Da können Sie sich selbst als Kreuzung aus Angela Merkel und Joseph Ackermann visualisieren. Oder Veronika Ferres und Carsten Maschmeyer. Es nützt nichts. Es hält maximal drei Tage an!

Motivation muss, wenn sie echt und nachhaltig sein soll, von der Unternehmensführung erstens verstanden werden, zweitens verstanden werden und drittens verstanden werden. Dann erklärt sie das Thema Motivation zur bedeutenden Managementaufgabe und implementiert Motivationsfaktoren »Top-down«. Ja, ich weiß, das klingt so durchstrukturiert. So sollte es auch sein. Motivation ist ein Prozess, der von der Unternehmensführung gewollt sein muss. Auf gar keinen Fall darf Motivation von den subjektiven Fähigkeiten Einzelner abhängig sein. So einfach ist das!

Warum ist Motivation dann so schwer? Es lohnt sich, einen Panoramablick auf das Thema Motivation zu werfen. Was ist Motivation genau? Alle Definitionen hier aufzuführen würde Sie und mich völlig demotivieren. Machen wir es so prägnant wie möglich: Wir können zwischen einer allgemeinen und einer spezifischen Motivation unterscheiden. Die allgemeine Motivation ist der Wunsch, etwas zu gestalten, zu erreichen und zu bewirken. Sie kann unterschiedlich stark ausgeprägt sein. Als spezifische Motivation bezeichnet man den Grund dafür, dass sich jemand für ein bestimmtes Ziel engagiert. Sie entsteht aus der Bedeutung, die das Ziel für die Person hat. Die Bedeutung beeinflusst die Ausdauer und Energie.

Außerdem unterscheidet man noch die intrinsische Motivation von der extrinsischen. Intrinsisch bedeutet von innen heraus, aus eigenem Antrieb. Extrinsisch: von außen angeregt, äußeren Anlässen folgend wie Zwänge, Strafen und Belohnungen. (Dieses Buch zu schreiben wurde nicht nur intrinsisch motiviert, sondern auch extrinsisch. Alleine, ohne Aussicht auf Veröffentlichung, hätte ich es wohl nicht geschrieben. Obwohl es innerlich geschrieben werden wollte. Zusätzlich belohne ich mich bei jeder zehnten Seite noch mit einem Stück meines Lieblingskuchens: Mohn mit weißer Schokolade. Doppelt gemoppelt hält besser. Ob ich später irgendeine Motivation aufbringe, abzunehmen, weiß ich noch nicht.)

Die psychologische Zeitperspektive spielt beim Thema »Motivation« ebenfalls eine Rolle. Welche Ziele verfolge ich in welcher Lebensphase? Frauen wissen, wovon ich rede. Will ich ein Kind oder eine Karriere? Will ich beides? Welche Voraussetzungen müssen dafür gegeben sein? Kita? Reicher Ehemann? Vater, der Elternurlaub nimmt? Auswandern? Wer die Wahl hat, hat die Qual.

Wesentlich ist der Glaube an die eigene Kraft. Bin ich davon überzeugt, dass ich mein eigenes Leben nach meinem Ermessen gestalten kann? Das nennt man Selbstwirksamkeit. Mitarbeiter, die stereotype Tätigkeiten verrichten, am Sinn ihrer Arbeit zweifeln, werden kein nennenswertes Engagement aufbringen. Verständlich, oder? Fragen Sie mal Sisyphos! Armer Kerl. Er rollt und rollt. Ist bestimmt frustrierend.

Womit wir bei den Emotionen sind. Emotionale Intelligenz ist ein ganz großer Bestandteil der Motivation. Kopf und Bauch müssen dasselbe wollen, sonst gelingt die (Selbst-)Motivation nicht. Wir brauchen unsere Emotionen zur Verwirklichung unserer Ziele. Wir können sie, die Emotionen, nämlich in unserem Sinne benutzen. Fragen Sie mal Sportler, wie die sich mental motivieren. Emotionales Selbstmanagement steht ganz oben auf der Agenda.

Ich selbst empfinde mich als hoch motiviert. Ich arbeite sehr gerne. Besser noch, ich liebe das, was ich tue. Wenn ich es mal nicht so liebe, dann erinnere ich mich daran, wie ich mich fühle, wenn ich meine Arbeit liebe. Und dass ich sie grundsätzlich liebe. (Liebe ist halt ein zeitvariables Phänomen!) Wenn Sie mich allerdings dazu zwängen, jeden Tag dreimal um einen mittelgroßen See zu joggen, wüssten Sie, wie Demotivation wirklich aussieht. Nicht schön. (Doch: Ich jogge, aber nicht den ganzen Tag.)

Warum arbeiten denn nun Menschen mehr oder weniger freiwillig für fremde Ziele? Sie tun das aus sechs verschiedenen Motiven:

- ☼ Erfolgsstreben
- ☼ dem Wunsch nach Wissen
- ☼ um sich selbst zu verwirklichen
- ☼ um Sicherheit zu erlangen
- ☼ zur Selbsterhaltung
- ☼ aus einem Zugehörigkeitsgefühl heraus

Ein Unternehmen muss in unserer Gesellschaft nicht mehr nur die Bedürfnisse »Selbsterhaltung« und »Sicherheit« (Gehalt, Rente etc.) befriedigen. Die meisten von uns kämpfen nicht um das nackte Überleben. Es braucht also noch andere Motivationsfaktoren, um Menschen zu mehr als 51 Prozent ihrer Leistungsfähigkeit zu bewegen. Dazu gehören: Arbeitsinhalte, Arbeitszeit, Umfeldfaktoren, Mitarbeiterauswahl und -förderung, Leistungsanreize, materielle Rahmenbedingungen, Sozialförderungen, Ziele und Zielvereinbarungen.

Motiviert eigentlich Geld allein? Nein. Mich nicht. Sie?

Man hat herausgefunden, dass Menschen in Unternehmen individuell unterschiedlich Folgendes finden möchten:

- ☼ das Glücksgefühl der eigenen Leistung
- ☼ Anerkennung
- ☼ eine interessante Aufgabe
- ☼ Verantwortung
- ☼ persönliche und berufliche Entwicklung
- ☼ Möglichkeiten zur Selbstverwirklichung

Merken Sie was? Steht da, Spaß an der Arbeit? Nein. Liegt das daran, dass kein Mensch Spaß an der Arbeit haben will? Natürlich nicht. Menschen wollen Spaß an der Arbeit haben. Es kommt nur ganz wenigen Führungskräften in den Sinn ernsthaft zu fragen: »Sagen Sie mal, macht Ihnen Ihre Arbeit auch Spaß?« Und wie reagiert eine Führungskraft, wenn ein Mitarbeiter antwortete: »Nö, überhaupt nicht. Aber muss ja«? Eine Führungskraft ohne Humor verstünde diese Antwort als Provokation oder als fehlende Leistungsbereitschaft. Eine Führungskraft mit Humor würde sich mit dem Mitarbeiter gemeinsam Alternativen überlegen.

Dazu kann ich nur sagen: Humor und Spaß sind Führungsinstrumente. Deswegen wird es Zeit, Humor als Motivationsfaktor in die Unternehmensprozesse zu integrieren. Und Humor als Bestandteil von Management- und Führungskompetenz zu lehren.

Leslie Yerkes hat in »Fun Works«[12] mehrere Personen zum Thema Spaß und Arbeit zu Wort kommen lassen. Eine davon war Cathy Fock, President von Innovative Management Concepts: »Spaß ist keine Flucht vor der Arbeit, sondern ein Wert, den man mit anderen teilt. Wenn wir in den grundsätzlichen Werten übereinstimmen, werden unsere Potenziale zur Erbringung von Leistung frei. Arbeit ist dann keine Plackerei. Sie wird dann intrinsisch erfreuen. Spaß zeigt sich am Arbeitsplatz in zweierlei Hinsicht: bei unseren Tätigkeiten und als innere Haltung. Der tiefer empfundene Spaß wird dann geweckt, wenn man sich einer Sache hingibt, wenn man ein höheres Ziel verfolgt … Was Arbeit wirklich zu Spaß macht, ist die Erfahrung dieser tieferen Ebene. Sobald eine Organisation diesen tieferen Sinn von Spaß aufgenommen hat, entwickelt er seine Sinnhaftigkeit und wird zur Bühne, auf der sich die Werte vereinen. Damit wird für die beteiligten Menschen der Rahmen geschaffen, in dem sie ihre Energien entfalten können und in dem sie die Befriedigung und die Freude erfahren, ihrer Arbeit einen Wert zu geben. Es bereitet Freude, wenn man Dinge tun kann, zu denen man sich geneigt und geeignet fühlt und dabei seine gottgegebenen Fähigkeiten einsetzt. Wenn man sich für seine Arbeit begeistert, zündet man den menschlichen Geist auch in anderen. Wenn wir unsere Mitmenschen für Spaß aufschließen wollen, dann müssen wir über oberflächliche Maßnahmen hinausgehen, sie als ganzheitliche Personen annehmen und ihnen erlauben, ihren Herzen und Träumen zu folgen. Ein Unternehmen, dem das gelingt, wird die Herzen seiner Mitarbeiter finden und behalten.«

Übung 54

Bitte lesen Sie den oben stehenden Text noch einmal. Möglichst laut. Lassen Sie ihn sich auf der Zunge zergehen.

Humor hat eine philosophische Basis, ein tiefes Wertebewusstsein und Menschenverständnis. Die Humorinterventionen, die ich Ihnen vorstelle, entspringen dieser Haltung. Sie sollen nicht als »Dönekes« oder »Faxen« missverstanden werden. Der Mensch steht im Mittelpunkt der humorvollen Unternehmensführung. Der Mitarbeiter, der Zulieferer und der Kunde. Und mit ihm natürlich die Umwelt des Menschen. Humor ist in vielfältigen Dimensionen nachhaltig.

Die humorvolle Unternehmensführung bietet seinen Mitarbeitern:

✿ das Glücksgefühl der eigenen Leistung
✿ die Anerkennung, eine interessante Aufgabe
✿ Verantwortung
✿ persönliche und berufliche Entwicklung
✿ Selbstverwirklichung
✿ Identifikation mit dem Unternehmen
✿ Kreativität
✿ offene Kommunikation
✿ Selbstwertgefühl
✿ ein Klima der Gleichberechtigung
✿ eine Fehlerkultur, die Nichterreichtes erträglich macht
✿ ein lernbereites Umfeld
✿ Teilhabe an Innovationen
✿ Nachhaltigkeit
✿ Vertrauen
✿ Spaß, in einem solchen Unternehmen zu arbeiten

Dort, wo Menschen gemeinsam lachen, macht es Vergnügen, Leistung zu erbringen. Sich zu engagieren. Wachstum zu schaffen. Für sich. Für den Kunden. Für das Unternehmen.

Und hier nun einige Interventionen, um Kollegen und Mitarbeiter zu motivieren.

Wohlfühltage: Organisieren Sie einen Tag unter dem Motto »Ich hab die Hände schön!« und engagieren Sie eine Dame oder Herrn, der professionell Maniküre anbietet. Alternative: der »Heute-sind-wir-tiefenentspannt«-Tag mit Massage.

Rollentausch: Bieten Sie an, für einen Tag die Arbeit zu erledigen, die Ihr Mitarbeiter am wenigsten mag. (Sie werden ganz viel lernen!)

Firmenpaten: Benennen Sie in Ihrem Unternehmen bestimmte Räume nach Ihren Mitarbeitern.

Trauerfeier: Beerdigen Sie Ideen, Projekte, die nicht funktionierten, mit dem notwenigen Pomp, einer Trauerrede und einem anschließenden »Leichenschmaus«. Halten Sie nach dem Motto »Der König ist tot, es lebe der König!« eine große Motivationsrede auf die kommenden Projekte.

We are family: Überreichen Sie Karten, Geschenke und Überraschungen für die Familienangehörigen oder Partner.

Eurovision-Film-Contest: Verschiedene Teams drehen einen Videofilm über sich selbst. Er sollte ungewöhnlich und lustig sein. An einem bestimmten Tag wird der originellste von allen prämiert. Alle anderen erhalten natürlich auch Preise.

Rockefeller: Zahlen Sie einmal im Monat inkognito für den Kollegen, der in der Kantine gerade hinter ihnen steht, mit. Achten Sie darauf, dass Sie ihn nicht so gut kennen.

Life-Work-Balance-Koffer: Halten Sie ein Köfferchen mit Schokolade, einem Krimi, Aspirin, einer Sonnenbrille, Luftballons bereit. Variante: Neben dem Koffer stehen ein Liegestuhl und eine aufblasbare Palme.

Anonymus und der Sektkübel: Jeder Mitarbeiter Ihres Teams schreibt auf einen Zettel seinen Namen und eine Auflistung aller Dinge, die er gerne mag (Kino, weiße Schokolade, Otto etc.). Alle Mitarbeiter werfen ihre Zettel in einen Hut oder Sektkübel. Jeder zieht einen Zettel heraus. Jeder darf nun in einem festgelegten Zeitraum der anonyme Freund der Person sein, deren Name auf dem Zettel steht. Die Aufgabe besteht darin, die Wünsche – wenn möglich – zu erfüllen, besonders hilfsbereit zu sein, den anderen zum Lachen zu bringen und ihm das Leben leichter zu machen.

Oscarverleihung: Kreieren Sie mit Ihren Mitarbeitern eine Oscarfigur. Einmal in der Woche wird diese Figur zum Beispiel an den kundenfreundlichsten Mitarbeiter verliehen. Da es sich um einen Wanderpokal handelt, wandert er auch. Am nächsten Freitag zu einer anderen Person.

Now it's your turn!

Übung 55

Erinnern Sie sich an Situationen, in denen Sie sich nicht motivierend und wertschätzend einem Ihrer Mitarbeiter gegenüber verhalten haben. (Kann ja mal vorkommen. Wir sind alle nur Menschen. Schwamm drüber!) Überlegen Sie sich nun, wie Sie diese Situation mit Humor hätten lösen können.

Übung 56

Überlegen Sie sich möglichst viele Humorinterventionen für Ihre Abteilung / Ihr Team. Senden Sie sie mir zu, wenn Sie mögen. Ich werde die originellsten auf meiner Homepage veröffentlichen.

Humor bewegt Ihre Karriere

So langsam wird's langweilig! Oder? Als ob Sie das nicht wüssten! Das ergibt sich ja nun wirklich aus jedem Kapitel! Deswegen führe ich auch jetzt nicht weiter aus, warum Humor Ihre berufliche Karriere unterstützt. Wir schreiten sofort zur nächsten Übung.

Übung 57

Bitte schreiben Sie auf, wie ein humorvolles Wesen und eine humorvolle Kommunikation Sie auf Ihrem Karriereweg unterstützen können.

Wenn wir über Karriere reden, möchte ich allerdings richtig verstanden werden: Was Karriere bedeutet, entscheiden einzig und allein Sie! Karriere ist nicht gleich Karriere. Jeder hat da eine andere Vorstellung. Ob Sie Führungskraft, Ingenieurin, Krankenpfleger, Unternehmensberaterin, Masseur, Meeresbiologin, Finanzdienstleistern, Lokomotivführerin, Steward, Lehrer, Beamtin, Erzieher, Bundeskanzlerin, Unternehmensgründer sind, ob Sie die berühmteste fleischloseste Currywurst der Welt erfinden, Mode für große Größen kreieren, ein Antiquariat eröffnen, eine Rechtsanwaltskanzlei eröffnen, einen Kiosk aufmachen, ein Restaurant gründen – mit Humor erreichen Sie in jedem Beruf Ihre Ziele schneller, nachdrücklicher und vor allem nachhaltig. Bitte? Ja! Auch als Bestatter. Da ganz besonders. Jetzt vergessen wir aber mal solche Kleinigkeiten wie die Endlichkeit unserer Existenz und kümmern uns um unsere Karriere.

Wikipedia definiert den Begriff »Karriere« so: *»Die Karriere oder berufliche Laufbahn (von französisch* carrière*) ist die persönliche Laufbahn eines Menschen in seinem Berufsleben. Umgangssprachlich wird der Begriff Karriere dabei häufig verbunden mit Veränderung der Qualifikation und Dienststellung sowie sozialem Aufstieg und damit Intragenerationenmobili-*

tät, durch die sich auch die Zugehörigkeit zu einer sozialen Schicht ändern kann. In der beruflichen Laufbahn wird zwischen einer Managementkarriere, dem Aufstieg in der Unternehmenshierarchie, und einer Fachkarriere, dem Aufstieg in einer Expertenlaufbahn, unterschieden. Das Wort Karriere bedeutet dem Wortsinn nach Fahrstraße (lateinisch carrus *Wagen).«*[13]

»Karriere« bedeutet also nichts anderes als der individuelle berufliche Werdegang eines Menschen. »Karriere« fängt daher mit der Entscheidung für einen Beruf an. Die meisten Menschen üben ihren Beruf nicht ein ganzes Leben lang aus. Sie bekommen Kinder. (Wenn sie Frauen sind.) Sie wechseln in andere Berufe. Aus welchen Gründen auch immer. »Gebrochene Berufsbiografie« nennt man das. Noch. Ich nenne es Flexibilität. Denn in nicht allzu ferner Zukunft werden viele Menschen verschiedene Tätigkeiten im Laufe ihres Lebens ausüben. Teilweise sogar gleichzeitig. Und das auch noch weit über das Rentenalter hinaus. (Dafür braucht man nun auch wieder Humor.)

Die Berufswahl beeinflusst das Leben also ganz entscheidend. Viele Menschen wählen allerdings ihren Beruf nach folgenden Kriterien aus: Verdiene ich für meine Bedürfnisse genügend Geld? Ist das Tätigkeitsfeld halbwegs interessant? Ist der Job zukunftssicher? Erhalte ich eine halbwegs gute Alterssicherung? (Wer die Begriffe »zukunftssicher« und »Alterssicherung« erfunden hat, ist ein Zyniker. Ich war es nicht.) Und natürlich: Entspricht mein Beruf den Erwartungen meines Umfelds?

Letztlich aber können wir immer nur die Person werden, die wir sind. Wenn wir uns für etwas entscheiden, das nicht unserem Wesen entspricht, hat das Folgen. Natürlich berühren wir da schon wieder die philosophische Komponente von Humor: die Wertschätzung der eigenen Person, nicht gegen die eigenen Überzeugungen, Werte und Ziele zu leben. (Wenn es irgendwie geht. Es geht nicht immer. Nicht durchgängig. So ist das Leben.)

Ich arbeitete einmal mit einem Coachee, der in seinem Unternehmen als Potenzialträger ausgewählt worden war. Mit anderen Worten:

Man sah in ihm genügend Potenzial für eine Position als Führungskraft. Gleichzeitig war der junge Mann gerade stolzer Vater geworden. Was tun? Er entschied sich für seine Rolle als Vater. Im Gegensatz zu seinem Vater wollte er sein Kind aufwachsen sehen. Natürlich hat er in seinem Unternehmen weitergearbeitet. Erfolgreich. Auch ohne Führungsfunktion. Herz, Bauch und Verstand müssen am gleichen Strang ziehen.

Haben Sie sich jemals einmal eine Bewerbungssituation aus der Perspektive eines Personalleiters vorgestellt? Die armen Menschen sitzen da und prüfen, ob die Person vor ihnen fachlich geeignet ist und menschlich ins Unternehmen passt. Von 100 Bewerbern sagen 95 Prozent Ähnliches. Haben ähnliche Kleidung an. Antworten auf Fragen ähnlich. (Wahrscheinlich haben alle ähnliche Bewerbungsbücher gelesen.)

Was ist Ihre größte Stärke? Antwort der Männer: Ehrgeiz. Wohl wissend, dass Ehrgeiz nur vordergründig als negativ gewertet wird. Tatsächlich aber als positiv gilt. Antwort der Frauen: entweder emotionale Intelligenz oder Kommunikationsfähigkeit. Beide: strategisches Denken, Organisationsfähigkeit, Zuverlässigkeit (als ob das nicht selbstverständlich wäre). Was sind Ihre Schwächen? Antwort der Männer: entweder wieder Ehrgeiz (mit einem überlegenen Lächeln) oder Ungeduld (bedeutet Ähnliches). Antwort der Frauen: Ungeduld, Ehrgeiz oder zu hohe Teamorientierung (Letzteres ist fatal. Es bedeutet: keinerlei Durchsetzungsfähigkeit). Nach einer Weile verschwimmen Gesichter und Kompetenzen. Gott sei Dank gibt es Bewerbungsmappen. Die ähneln sich zwar auch. Aber wenigstens die Menschen sehen unterschiedlich aus. Wenn man Glück hat.

Sie legen natürlich eine Bewerbungsmappe vor, die stilistisch hohe Anforderungen erfüllt. Sie unterscheiden sich deutlich von den anderen durch ihr Design (die Bewerbungsmappen). Auch Ihre Kleidung zeugt von Ihrer Wertschätzung sich selbst und anderen gegenüber. Natürlich immer im Rahmen der Anforderungen. Bei einigen Bewerbungen ist ein kurzes Statement über die eigene Persönlichkeit erwünscht. Schreiben Sie ruhig »humorvoll«. Man wird Sie danach fragen. Sie müssen natürlich beweisen, dass Sie darunter nicht platten Witz verstehen. Sie beantworten die Fragen der Personalentscheider zuvorkommend. Aber Sie lassen sich nicht dominieren. Sie nehmen von Anfang an Kontakt auf der Beziehungsebene auf. Sie versetzen sich in deren Rolle und kommunizieren offen und humorvoll. Mit einer leichten Prise Selbstironie. Ihre Körpersprache zeigt Energie. Sie erwähnen lächelnd, dass es nicht immer einfach sein kann, den richtigen Mitarbeiter aus einer solchen Vielfalt von Bewerbern herauszufiltern. Sie bieten an, das Bewerbungsgespräch so angenehm wie möglich zu gestalten. Und fragen, wie Sie das tun könnten. Sie hinterlassen einen Eindruck. Man ist überrascht von Ihrer Offenheit, Souveränität und Ihre Kommunikationsfähigkeit.

Humor präsentiert Sie überzeugend

Gratuliere! Sie haben Ihren Traumjob bekommen! Bitte? Sie sollen sofort eine Präsentation vorbereiten? Das Thema ist so trocken? Ob Sie trotzdem mit Humor arbeiten dürfen? Na klar! Es gibt gar keine trockenen Themen. Für irgendjemanden ist so ein Thema immer nass. Also interessant. Meine Kabarettfigur Margot Wohlfahrt-Jobben, die große Beraterin, Sie wissen schon, hat neulich einen Vortrag über »Reputationsmanagement der gesetzlichen Krankenkassen« gehalten. Ehrlich! Auch darüber kann man Kabarett machen! Geht alles!

Ihr Thema ist so ernst, dass man es nur ernst angehen darf? Wie lautet es denn? »Kostensenkung.« Aha. Wird immer wieder gerne genommen. Warum es allerdings nicht humorvoll präsentiert werden darf, ist mir schleierhaft. Weil Kosten-senkungen schwerwiegende Konsequenzen nach sich ziehen? Ja, ich weiß. Und? Deswegen muss es genauso vorgetragen werden? Wir erinnern uns noch einmal:

Kein Thema ist so ernst, dass man es nicht mit Humor angehen kann.

Humor bedeutet nicht Witze zu reißen. Humor bedeutet nicht, sich über andere lustig zu machen. Humor bedeutet nicht, den Ernst einer

Sache nicht angemessen zu bewerten. Im Gegenteil: Humor bedeutet mit menschlicher Anteilnahme sich einem Thema zu widmen. Auch dem Thema »Kostensenkung«. Versuchen wir es mal!

Wie oft sind Sie in Ihrem Berufsleben schon mit »Kostensenkung« konfrontiert worden? Dauernd? Oft? Das Thema geistert immer durch die Organisation? Kein Wunder: Es ist *das* Thema in Unternehmen. Mit dieser Erkenntnis können Sie sofort in das Thema rhetorisch einsteigen:

»Meine Damen und Herren, ich bin gebeten worden,
Möglichkeiten zur Kostensenkung in unserem Unternehmen
vorzutragen.«

Pause

»Ich freue mich, ein Thema behandeln zu dürfen, das in
unserem Unternehmen brandneu ist.«

Pause (Hier wird geschmunzelt.)

»Deshalb möchte ich mich nicht auf die Lösungen beschränken,
die in andere Unternehmen in Mode sind. Ich habe jedwedes Bench-
marking außer Acht gelassen, meine Damen und Herren. Ich habe
selbst gedacht. Und hier sind die Ergebnisse meiner Analyse.«

Und wenn das Thema Kündigung auf den Tisch kommt? Was machen Sie dann? Menschen werden ihrer ökonomischen Lebensgrundlage beraubt und Sie sollen auch noch humorvoll sein! Ganz genau! Und vor allem dann! Noch einmal: Humor beinhaltet und transportiert Offenheit und Mitgefühl. Auch ohne Bonmots zum Beispiel so:

»Meine Damen und Herren, eine Möglichkeit, Kosten zu senken,
wir wissen es alle, ist Kündigung. Die Entlassung bewährter Mitarbeiter.
Es ist die schlechteste Möglichkeit. Für unser Unternehmen und für die
Menschen in unserem Unternehmen. Sollte aus dieser Möglichkeit Reali-
tät werden müssen, war ich der Überbringer der Botschaft. Ich bitte Sie,

mich nicht zu töten. Oder besser: erst wenn Sie merken, dass ich mich nicht bemühe, tragfähige Alternativen zu entwickeln. Und leichtfertig Entlassungen vorschlage. Denn dann hätte ich es verdient.«

Auch das ist Humor. Und echte persönliche Betroffenheit. Schauen Sie sich wirklich gutes Kabarett an. Zum Beispiel von Georg Schramm oder Hagen Rether. Da bleibt Ihnen das Lachen im Halse stecken. **Humor muss nicht immer lustig sein.**

Mittlerweile gibt es kaum noch Vorträge, die ohne Bildmaterial auskommen. Deshalb nenne ich sie alle »Präsentationen«. Ob in Meetings, auf Konferenzen, Messen und Netzwerkveranstaltungen, überall werden Präsentationen gehalten. Ob man will oder nicht, schon steht einer am Beamer. Es reicht offensichtlich nicht aus, sich mit Menschen zu treffen. Man braucht einen Mehrwert. Noch mal schnell die Vorteile des eigenen Produktes vorstellen. Steter Tropfen höhlt den Stein. Sich einen Informationsvorsprung sichern. Informationen bedeuten Macht. Doch was hat der Redner jetzt noch mal gesagt? Mist. Vergessen! Die meisten Informationen landen nämlich im Kurzzeitgedächtnis. Kurz. Wie der Name schon sagt. Grundsätzlich habe ich nichts gegen Präsentationen. Zum richtigen Zeitpunkt. In ansprechender Qualität. Viele aber sind entsetzlich schlecht. Und langweilig. Selbst damit käme ich noch zurecht. Das könnte man ja ändern.

Leider halten sich aber viele schlechte Redner für rhetorische Genies. Sie stehen damit alleine da. Es sagt ihnen ja niemand, dass sie eigentlich ziemlich schlechte Redner sind. Die, die es könnten, sind eingeschlafen. Sie selbst merken es nicht. Sie halten die Stille für Konzentration. Und Ehrfurcht. Öffentliches Reden bedeutet nämlich Status. Deswegen können sich so wenige Menschen eingestehen, dass sie an ihren Rednerqualitäten arbeiten sollten. Man nennt dieses Verhalten Beratungsresistenz. Leider gibt es ganz viele Beratungsresistente.

Um wenigstens ansatzweise zu gewährleisten, dass von einem schlecht gehaltenen Vortrag etwas hängen bleibt, haben uns gütige Wesen das Flipchart geschenkt. Es ist leider ziemlich aus der Mode gekommen. Und das ganz zu Unrecht. Wenn man es benutzen kann, kann man damit Wunderdinge vollbringen.

Andere, weniger gütige Wesen haben uns Powerpoint geschenkt. Powerpoint wird gerne nach dem Motto »Viel hilft viel« gebraucht. Unmengen von überfrachteten Bildern ziehen an dem Auge des Betrachters vorbei. Dieser nimmt nichts wahr, weil er an den ungeschulten Lippen des Redners hängt. Der liest nämlich mit gleichförmiger Stimme die Folien vor. Man kann auch an Langeweile sterben.

Wie können Sie es besser machen? Mit ein paar wesentlichen Veränderungen. Beschäftigen wir uns erst einmal mit der Sprache. Menschen sprechen oft in Schriftsprache, um die Wichtigkeit des Themas hervorzuheben. Deswegen verwenden sie auch das Wort »man« sehr gerne. Und benutzen Passivkonstruktionen. Das unterstreicht die Bedeutungsschwere der eigenen Persönlichkeit und des Themas. Jawohl! Bleierne Schwere. Eigene Meinungen, Gefühle sind da nicht gerne gesehen. Nein, das wäre zu subjektiv, zu weich. Lange Sätze nach Manier von Thomas Mann garantieren, dass sich der Zuhörer unterlegen fühlt. Weil er nicht mehr folgen kann. Und das soll er doch. Nur wer sich unterlegen fühlt, ist auch interessiert. Solche Vorstellungen geistern wirklich durch die Welt. Warum? Ich habe keine Ahnung.

Tatsache ist, dass Menschen berührt werden wollen. Auch bei Vorträgen und Präsentationen. Nur dann sind sie begeistert. Nur dann sind sie überzeugt. Nur dann kaufen sie. Koppeln Sie Informationen mit Emotionen. Werbung funktioniert auch so. Und wie kann man das charmant, geistreich, intelligent, unterhaltend tun? Natürlich mit Humor.

Steigen Sie mit einer Überraschung in Ihr Thema ein! Überlegen Sie sich eine Analogie, eine Metapher, eine persönliche Anekdote, eine Provokation oder einen Witz. Wenn Sie ein Schmunzeln auslösen, haben Sie schon gewonnen. Zum Beispiel so:

»Humor in Präsentationen ist sehr unbeliebt. Die Zuhörer wachen auf. Sie sind interessiert. Sie sind begeistert. Sie sind fasziniert. Sie wollen mehr. – Das kann wirklich keiner wollen.«

Erzählen Sie, was Sie während der Vorbereitung zu dieser Präsentation erlebt haben. Benutzen Sie eine Schlagzeile aus der Presse. Lassen Sie sich etwas einfallen, um das Interesse des Publikums zu wecken. Machen Sie Ihre Zuhörer neugierig.

Ihr Hauptteil ist natürlich hervorragend aufgebaut. Das wichtigste Argument ist auch das letzte. Verstecken Sie sich nicht hinter einem Rednerpult. Sprechen Sie mit Ihren Zuhörern. Spielen Sie nicht vierte Wand! (Der Ausdruck kommt vom Theater: Die Schauspieler agieren auf einer Guckkastenbühne, die drei Wände hat: rechts, links und hinten. Nach vorne, zum Publikum hin, ist die Bühne natürlich offen. Die Schauspieler spielen aber so, als existierten keine Zuschauer. Als stünde anstelle des Zuschauerraums eine vierte Wand.) Aktivieren Sie Ihr Publikum. Stellen Sie Fragen. Lassen Sie per Handzeichen abstimmen. Vor allem aber benutzen Sie die starke, die emotionale Sprache. Eine Sprache, die bei den Zuhörern Bilder weckt. Mit kurzen Sätzen. In der Gegenwart.

Spielen Sie nicht vierte Wand!

Nicht: *»Unser Ziel ist, dass wir in zwei Jahren Marktführer werden.«* Sondern: *»In zwei Jahren sind wir Marktführer. Das ist unser Ziel.«*

Schildern Sie Ihre Leistungen und Fähigkeiten so, dass sie beeindrucken. Menschen wollen geführt werden. Sie wollen vertrauen können. Und sie vertrauen Menschen, die Zuverlässigkeit, Souveränität, Kompetenz ausstrahlen. Ich mache das zum Beispiel so: »Das Thema Erfolg in der Wirtschaft gibt es schon eine Weile. Auch Bücher zum Thema. Aber ich, ich habe einen Trend kreiert. Humor ist kein Talent weniger Auserwählter. Jeder kann Humor entwickeln. Mit ein bisschen Übung.«

Mittlerweile hat sich herumgesprochen, dass man eigene Leistungen benennen darf. Man(n) kann es natürlich auch übertreiben. Und sich unglaubwürdig machen. Das sähe dann so aus: »Ich bin der Kreator der Humorstrategie. Ich habe sie erfunden, ich habe sie entwickelt. Ich verdiene ein Vermögen damit. Ich werde die globale Wirtschaft und die Welt verändern. Wenn Sie klug sind, verändern Sie sich mit. Und werden so erfolgreich wie ich.«

Bei den meisten Menschen kommt Protzen nicht gut an. Es wirkt arrogant, autoritär und unglaubwürdig. Je sympathischer Sie wirken, umso größer ist die Wirkung Ihrer Präsentation.

Dazu gehört natürlich mehr als nur die Sprache. Benutzen Sie Gegenstände, um Ihr Anliegen zu verdeutlichen. Eine Freundin von mir hielt einen Vortrag über ihr eigenes Produkt »Business Continuity Management«. Sie sprach darüber, dass es viel Beratungsbedarf gäbe, aber eben wenig qualifizierte Berater. Sie nannte das ein »Beratungsloch«. Und um es zu verdeutlichen, warf sie kreisrunde schwarze Gummimatten auf den Boden. Beratungslöcher eben.

Symbole und Gegenstände können ein Anliegen verdeutlichen.

Wenn Sie mit Visualisierungen arbeiten, können Sie ein Flipchart benutzen. Malen Sie einfache Cartoons. Wenn Sie der Meinung sind, dass Ihr Unternehmen ein Drittel mehr Umsatz machen kann und soll, werfen Sie keine Folie an die Wand, die das alles noch einmal erklärt. Sie schreiben auf ein Flipchart nur: 1/3 – natürlich entsprechend groß.

Wenn Sie ausführen, Ihr Unternehmen habe mehr Gewinn als erwartet erwirtschaftet, malen oder entwerfen Sie ein Symbol dafür. Zum Beispiel eine Tante-Emma-Kasse, die klingelt. Jeder wird Sie verstehen. Wenn Sie dennoch Folien benutzen, denken Sie daran: Auf einer Folie steht nur eine Botschaft! Die Botschaft muss sofort erkennbar sein. Eine Folie mit viel Text ist eine schlechte Folie. Eine gute Folie überrascht! Und: Lesen Sie niemals, niemals den Text einer Folie vor. Das langweilt entsetzlich.

Kommen wir zum Schluss. Am Ende einer Präsentation schlagen Sie den Bogen zur Eröffnung. Und sagen dem Publikum, was es tun soll. Etwas, was es noch nie getan hat.

Und haben Sie immer noch Bedenken wegen Ihrer ersten Präsentation in Ihrem Traumjob. Nein? Sie erinnern sich, Kostensenkung war das Thema. Also legen Sie mal humorvoll los! Ich weiß, es gibt natürlich noch viel mehr Humorinterventionen. Ich kann sie nur beim besten Willen hier nicht alle aufführen. Dafür müsste ich ein eigenes Buch schreiben.

Übung 58

Bereiten Sie eine Rede für einen Anlass Ihrer Wahl vor. Am besten eignen sich Geburtstage, Hochzeiten, Scheidungen oder Partys, um gefahrlos zu üben. Suchen Sie Gelegenheiten. Von nichts kommt nichts. Sie können auch gleich mit beruflichen Themen anfangen. Überlegen Sie, was Sie in Ihrem Vortrag anders machen wollen als andere. Welche Humorinterventionen möchten Sie anwenden? Probieren Sie es aus!

Mit jedem Schmunzeln oder Lachen Ihres Publikums haben Sie etwas für Ihr Anliegen getan!

Humor gewinnt Ihre Kunden

Sie haben gerade eine wundervolle Präsentation gehalten. Die Zuhörer waren begeistert. So begeistert, dass sie Ihr Produkt oder Ihre Dienstleistung käuflich erwerben wollen. Sofort. Sofort? Hilfe! Der Kunde droht mit Auftrag! Sofort steigt der Adrenalinpegel. Und damit der Druck. Warum ist das so?

Weil der Vertrieb der Dreh- und Angelpunkt eines Unternehmens ist. Unternehmen müssen verkaufen. Wenn sie nicht verkaufen, verlieren sie ihre Existenzberechtigung. Und ihre Existenz. Am Vertrieb hängt das Wohl und Wehe einer Firma. Wie gut oder wie schnell sich ein Produkt oder eine Dienstleistung verkauft, hängt von vielen Faktoren ab.

Doch eines vorweg: Verkaufen ist nicht einfach! In Deutschland hat der Beruf des Verkäufers ohnehin keine hohe Reputation. Verkaufen gilt oft als Versuch, jemanden über den Tisch ziehen zu wollen. Das Misstrauen ist groß. Manchmal durchaus zu Recht. Diese Einstellung macht auch ehrliche Verkaufsgespräche nicht leichter. Finanzdienstleister können davon ein Lied singen.

Menschen davon zu überzeugen, ein bestimmtes Produkt zu kaufen, ist schwierig. Von Grundnahrungsmitteln einmal abgesehen. Darum geht es aber in unseren Breiten kaum. Bei aller Liebe, eine Currywurst ist nicht lebensnotwendig. (Ja ja ja, ich weiß!) Menschen kaufen nicht nur das, was sie dringend brauchen. Sie kaufen das, was sie zu brauchen glauben. Was sie subjektiv mit Erfolg und Status verbinden. Benötige ich persönlich zum Beispiel eine Anti-Aging-Creme? Ich finde: ja. Wofür? Um jünger auszusehen. Irgendeine Gehirnzelle sagt mir zwar, dass diese Creme meinen Alterungsprozess nicht aufhält. Aber ich mag diese Gehirnzelle nicht. Deswegen höre ich auch nicht auf sie. Und kaufe weiter Anti-Aging-Creme. Also warum? Weil ich glaube, sie zu brauchen! Aber warum unbedingt diese eine Marke? Weil sie mit einer Zusammensetzung wirbt, die mir den gewünschten Effekt am glaubhaftesten verspricht. Obwohl ich nicht die blasseste Ahnung von Wirkweise und Zusammensetzung habe. Das nennt man Kauf aus dem Bauch.

Lachen ist positives Gefühl par excellence. Darum geht es beim Vertrieb: Menschen treffen Kaufentscheidungen, wenn ihre Emotionen positiv berührt werden. Und nichts berührt die Emotionen mehr als das, was zum Lachen führt. Denn wir setzen lachend Glückshormone frei. Der Verkäufer, der humorvoll kommuniziert, löst beim potenziellen Kunden also Glücksgefühle und Vertrauen aus. Und Identifikation. Mit sich selbst als Berater und Produkt. Das ist ein riesiger Erfolg! Warum kommunizieren dann nicht alle Vertriebsexperten so?

Die Geschichte mit den Emotionen ist bekannt und wird in Vertriebsschulungen auch erzählt. Aber in vielen Fällen sind Verkäufer Männer, die mit dem Thema »Emotion im Vertrieb« so ihre Schwierigkeiten haben. Aus den gleichen Gründen haben sie auch Schwierigkeiten mit dem Thema »Vertrieb mit Humor«. Und: Theoretische Wissensvermittlung verändert gar nichts. Wer seine emotionale Intelligenz und sein Humorpotenzial nicht trainiert, kann beides auch nicht anwenden. Übung macht den Meister.

Viele Verkäufer kommunizieren steif oder unfreundlich. Andere preisen die Qualität ihrer Produkte wie Marktschreier an. Wieder andere ziehen eine Schleimspur hinter sich her. Meine Glückshormone geraten da nicht in Wallung. Ganz im Gegenteil. Meine Nebenniere schüttet wie verrückt Adrenalin und Cortisol aus. Ich empfinde Stress. Misstrauen. Vertraue dem Verkäufer nicht. Ich kaufe nicht.

Es geht aber auch anders. Wie ich am eigenen Leibe erfahren habe: In diesem Jahr muss ich mich einer unangenehmen Zahnoperation unterziehen. Ich habe eine gute Zahnärztin. Aber wenn ich schon jemandem eine neue Wohnzimmereinrichtung finanziere, möchte ich wenigstens das Gefühl der Wahl haben. Also konsultierte ich noch einen anderen Arzt. Er war sehr nett. Und kompetent. So kompetent wie meine Zahnärztin. Ich konnte da keine Unterschiede erkennen. Meine Ärztin allerdings hat so eine bestimmte Art. Sie geht auf meine Ängste ein. Wir können gemeinsam lachen. Darüber zum Beispiel, dass wir mit der Zeit uns von vielem trennen müssen. Auch von den Zähnen. Ich vertraue ihr einfach.

Es ist mir ein Rätsel, warum viele Verkäufer und Vertriebler den Wert des Vertrauens nicht kennen. Sie lernen alle möglichen Tricks, um Vertrauen künstlich herzustellen. Da werden Gesichtszüge interpretiert, Augenbewegungen eingeordnet, aktiv zugehört, bis die Ohren schmerzen. Aber was hat das mit echtem Vertrauen zu tun? Kunden sind nicht dumm. Wenn sie mal hereingefallen sind, werden sie ihren Fehler meistens nicht wiederholen.

Lassen wir Frank W. W. Woolworth, den amerikanische Kaufhausgründer, zu Wort kommen: »Ich bin der schlechteste Verkäufer der Welt – darum muss ich es den Kunden einfach machen, bei mir zu kaufen.« Genau. Machen Sie es Kunden einfach. Versetzen Sie sich in ihre Situation! Wenden Sie emotionale Intelligenz an! Seien Sie offen! Erzählen keine Märchen! Seien Sie integer! Kommunizieren Sie humorvoll! Auch bei schwierigen Themen. Das schafft Vertrauen – wie im folgenden Beispiel.

Verkaufen funktioniert mit emotionaler Intelligenz.

Berater: »*Guten Tag, Herr Meier. Sie wollen sich über Anlagemöglichkeiten erkundigen. Ich freue mich, dass Sie den Weg zu uns gefunden haben. Wir im Bankengewerbe werden gerade nicht unbedingt mit Vertrauen überschüttet. Ja, ich weiß, das haben wir uns selbst zuzuschreiben. Aber bei Ihnen scheint es nicht so zu sein, oder?*«

Kunde: »*Doch, aber was soll ich schon machen. Irgendwohin muss ich ja mein Geld bringen.*«

Berater: »*Na ja, aber warum zu uns? Doch nicht aus purer Verzweiflung? Wahrscheinlich, weil diese Filiale bei Ihnen um die Ecke ist?*«

Kunde (schmunzelt): »*Ja, genau!*«

Berater (lächelt): »*Na, da habe ich ja Glück gehabt. Was interessiert Sie denn besonders?*«

Verkauf beginnt oft mit der Akquise. Ich muss jemanden auf mich, meine Dienstleistungen oder meine Produkte aufmerksam machen. Ziel ist es natürlich, den anderen davon zu überzeugen, bei mir zu kaufen. Nicht beim Wettbewerber. Hier hilft Humor erheblich. Eine meiner Klientinnen, eine Unternehmerin aus der Personalbranche, musste zu Beginn ihrer Karriere sehr viel akquirieren. Sie war jung und der Markt hart umkämpft. Ein Unternehmen war für sie besonders interessant. Sie wollte es unbedingt als Kunden gewinnen. Der Geschäftsführer empfing sie nicht. Er hatte keine Zeit und in diesem Moment kein Interesse. Nun wusste sie, dass er ihr neues Auto sehr bewunderte. Sie sandte ihm den Zweitschlüssel mit der Nachricht, wenn er Lust auf eine Probefahrt hätte, solle er nur anrufen. Nein, sie hat den Auftrag nicht sofort bekommen! Aber sie wurde zu einem Gespräch mit anschließender Spazierfahrt gebeten. Und ein halbes Jahr später kamen die beiden dann ins Geschäft.

Oder so: Die Vertriebsspezialistin einer bekannten Hotelkette bringt potenziellen Kunden kleine Aufmerksamkeiten als Appetithäppchen mit. Das kann eine besondere Teesorte sein, eine Bodylotion oder Erdbeertorte. Ihre Mitbringsel werden natürlich in ihrem Hotel angeboten. Sie schafft so mühelos und äußerst erfolgreich eine positive Beziehungsebene.

Langjährige Kunden kann man übrigens in heißen Sommern mit Eis überraschen. Oder im Winter mit Glühwein (ohne Alkohol). So vieles ist möglich. Es ist ganz leicht. Es setzt Empathie voraus. Und Fantasie. Und eine große Portion Humor.

Ich kann mir vorstellen, dass einige von Ihnen den Kopf schütteln. Diese Interaktionen wirken sehr weiblich. Sehr weich. Das stimmt. Es handelt sich um Verkauf aus dem Bauch. Wie kann man denn so eine Melkmaschine verkaufen? Ein Gerüst? IT-Hardware? Mähdrescher? Pharmazeutische Produkte? Genauso. Mit Freude. Das ist das Geheimnis.

Jedes Produkt lässt sich mit Humor verkaufen.

Humor zeichnet Premium-Trainer aus

Viele von uns haben sehr schlechte Erinnerungen an die Schule – ich auch. Die Verbindung von Spaß und Lernen war zu meiner Schulzeit ausgeschlossen. Was sage ich, suspekt. Unseriös. Anarchisch. Meine Lehrer brachten mir nie bei, dass Lernen Spaß macht. Ich sollte lediglich vorgekautes Wissen so gut wie möglich auswendig lernen. So kam ich zu einer »Eins« in Chemie. Ich habe bis heute nur geringe Kenntnisse über chemische Zusammenhänge. Aber ich bin mit einem guten Gedächtnis gesegnet. Ich konnte mir Formeln leicht merken. Und auf Nachfrage runterrattern. Mein Lehrer begriff nie, dass ich keine Ahnung hatte. Im Gegenteil, er warnte mich davor, mir nicht alle Chancen zu verbauen. Mit meinem männlichen Intellekt. Das ist kein Witz. Das ist bittere Realität. Natürlich vermittelten die Lehrer uns auch nicht, wie man das Lernen erlernt. Wie auch? Sie wussten es selbst nicht. Die Pädagogik war noch ziemlich dunkel. Fragen nach Themen wie Teamfähigkeit und Kommunikation hätten vermutlich reflexartige Sprüche wie »Geh doch nach drüben!« zur Folge gehabt. Und heute?

Das Bild und das Selbstverständnis der Lehrer haben sich heute zwar gewandelt, denn Lehrer stehen jetzt vor ganz anderen Herausforderungen. Lernen aber Schüler heutzutage das Lernen? Lernen sie, dass Lernen Spaß macht? Erlernen sie Soft Skills? Rhetorik, Kommunikation? Teamfähigkeit? Gar emotionale Intelligenz? Soweit ich das sehe, nicht. Auch an den Universitäten wird das nicht gelehrt. Oder nur vereinzelt. Steht Humor irgendwo auf dem Lehrplan? Wenigstens bei der Ausbildung von Lehrern, Erwachsenenpädagogen, Trainern und Coachs? In meiner Ausbildung zum Trainer nicht. Und ich hatte eigentlich eine gute Ausbildung. Ich habe die themenzentrierte Interaktion erlernt, mir viel Methodenkompetenz angeeignet. Die Wissensvermittlung durfte den Teilnehmern durchaus Spaß machen. Ab und zu. Zum Auflockern. Oder als Warm-up.

Leider ist das in vielen Seminaren so üblich. Geht es um Wissensvermittlung, wird auf Frontalunterricht zurückgegriffen. Warum, weiß ich nicht. Geht es um Verhaltensänderung, wird schon mal die ein oder andere Interaktion angewandt. Humor aber als Führungsinstrument in Training und Coaching, gar als Trainingsphilosophie einzusetzen, davon sind wir noch weit entfernt.

Ich habe auch schon von Kommunikationsseminaren gehört, bei denen ausschließlich der Trainer sprach. Frontal. Ich durfte an einem Projektseminar teilnehmen, bei dem nach drei Stunden die Hälfte aller Teilnehmer eingeschlafen war. Den Trainer interessierte das überhaupt nicht. »Das ist doch immer so. Die Leute sind halt das Zuhören nicht gewohnt«, war die Antwort. Ach so! Ja, das geht mir ähnlich. Nach drei Stunden Zuhören schalte ich einfach ab. Muss an mir liegen.

Dabei ist schon lange bekannt, wie Menschen am besten lernen. Interaktiv. Wenn ihre Neugier geweckt wird. Wenn sie Erfolgserlebnisse haben. Wenn es ihnen Spaß macht. Ob Sie als Führungskraft Ihre Mitarbeiter coachen oder als externer Coach arbeiten, ob Sie Personalentwickler oder externer Trainer sind: Humor entwickelt Menschen.

Humor fördert die Lern- und die Veränderungsbereitschaft.

Humor ist eine wundervolle Art, mit Menschen in Kontakt zu treten. Man nimmt ihnen sofort die Scheu, die Beklommenheit, das Misstrauen. Vor allem, wenn der Humor aus dem Tiefstatus kommt. (Vermeintlich, versteht sich. Wir wissen ja schon: Wer humorvoll agiert, befindet sich immer im Hochstatus.) Selbstironie zum Beispiel hebt die Distanz auf und wirkt sehr sympathisch. Wenn vor den Teilnehmern nicht der Trainer-Crack steht, der haushoch Überlegene, sondern ein Mensch mit Souveränität und Charisma, der auf alle Status-Mätzchen verzichten kann.

Nach meiner Erfahrung trauen sich Teilnehmer sehr viel mehr zu, wenn der Trainer humorvoll kommuniziert. Wenn er sich als Mensch zeigt. Ich erlebe immer wieder erstaunliche Veränderungsbereitschaft in meinen Trainings. Im Bereich Kommunikation und Teamentwicklung greife ich zum Beispiel gern auf meine Theatererfahrung zurück. Theaterübungen eignen sich hervorragend für Verhaltensänderungen. Und Spaß machen sie sowieso. Sie lassen Menschen über sich hinauswachsen. Ob Menschenmemory, Improvisationstheater, szenisches Spiel oder Zuschauerpantomime – Interventionen mit Theater und Humor sind erfolgreiche Veränderer!

Eine meiner Lieblingsübungen im Kommunikations- und Präsentationstraining funktioniert so: Jeder Teilnehmer versucht, die anderen Teilnehmer zum Lachen zu bringen. Ohne Sprache. Wenn er will, mit einer roten Nase. Diese Übung entwickelt die Bühnenpräsenz. Zum Beispiel für Menschen, die oft in der Öffentlichkeit sprechen müssen bzw. wollen.

Eine gute Übung für das Teamtraining ist der »Chor«: Die Teilnehmer bilden drei Gruppen. Jede Gruppe soll einen kurzen Sprechgesang beherrschen, den ich vorgebe. Je nach Laune und Stimmung. Die erste Gruppe singt zum Beispiel: »Tschaka tschaka bumm bumm.« Das ist intellektuell zu verkraften. Die zweite: »Krawupp schnee schnau.« Die dritte: »Schubbeldiwumm, schnubbeldischrei.« Oder so ähnlich. Wenn alle drei Gruppen ihren Text können, singen wir gemeinsam. Der Seminarleiter fungiert dabei als Dirigent. Eine Gruppe beginnt. Dann fallen die anderen auf sein Zeichen ein. Der Dirigent gibt auch die Lautstärke vor. Mal singt die erste Gruppe piano und die dritte fortissimo, während die zweite eine Weile in mezzoforte verbleibt. Und umgekehrt. Ganz wie der Dirigent es mag. Am Ende entsteht natürlich das fulminante gemeinsame Crescendo. Und ein umwerfendes Wir-Gefühl.

Natürlich kann man auch Humor in seiner provokanten Form als Coachinginstrument benutzen. Frank Farelly, ein nordamerikanischer Sozialarbeiter, hat den provokativen Stil als Therapieform entwickelt. Er geht davon, dass Menschen sich nur dann verändern, wenn sie müssen. Und sie müssen, wenn sie mit Herausforderungen und Widerständen konfrontiert sind. Da hat er recht. So ist es mit uns allen. Wenn wir in Veränderungen keine Notwendigkeit sehen, verändern wir uns nicht. Es geht also Frank Farelly in erster Linie darum, künstliche Herausforderungen durch die Provokationen zu schaffen. Sie sollen den Klienten dazu bewegen, seine Potenziale gegen die inneren Widerstände zu mobilisieren. Ein ganz einfaches Prinzip.

Nur wer sich verändern will, wird sich verändern.

Wer Provokation als Coachinginstrument anwenden will, sollte aber äußerst vorsichtig vorgehen. Voraussetzung sind eine lange Erfahrung, Menschenkenntnis und das Wissen um Anwendung und Philosophie von Humor. Und ein Training bei einem wirklich, wirklich erfahrenen Coach. Die provokative Intervention ist sehr individuell. Ich selbst wende sie auf meine Art im Coaching an. Selbstverständlich ist die Grundlage Wertschätzung und Empathie. Das Ziel die Veränderung im Sinne des Klienten. Provokationen können sehr schnell demütigen. Wenn der Coach die Provokationen anwendet, um seinen Status zu unterstreichen, und tiefe Menschlichkeit vernachlässigt, richtet er großen Schaden an.

Ein kleines Beispiel für diese Gratwanderung. Ein Klient kam zu mir zum Präsentationstraining. Freiwillig, versteht sich. Er hatte schreckliche Angst vor öffentlichem Reden. In Zukunft sollte er aber auf Bitten seines Vorgesetzten Vorträge auf Fachkongressen halten. Mit anderen Worten: Ihm ging es schon mal besser. Er fing mit steinerner

Miene und brüchiger Stimme an, mir seine Präsentation vorzustellen. Sofort und immer wieder unterbrach er sich, um mir zu erklären, wie abgrundtief unbegabt er sei. Natürlich kam er keinen Schritt weiter. Das heißt, er konnte aufgrund seiner inneren Blockaden keine neue Erfahrung machen. Also übernahm ich seine inneren Stimmen, in dem ich aus ihnen kleine hässliche Gnome mit den Namen Egon, Waldemar und Diederich schuf. Alle drei hatten Ähnlichkeit mit Rumpelstilzchen und bewegten sich auch so. Das Vertrauen in sich hatte mein Klient schon lange verloren, nun verlor er es auch in mich. Er zweifelte an meinem Verstand. Aber er begann wieder, seine Präsentation zu halten. Immerhin hatte er Geld dafür bezahlt. Die Gnome ließen ihm keine Chance, sich selbst zu unterbrechen. Sie unterbrachen ihn. Dauernd. Waldemar quäkte mit hoher Stimme »Das ist ja furchtbar, furchtbar ist das!«, Diederich argwöhnte dunkel »Das lernt der nie!« und Egon sprach mit S-Fehler: »Daß ißt ßenßationell ßaußchlecht.«

Zuerst musste mein Klient sehr lachen. Dann war er genervt von meinen Unterbrechungen. Und dann hielt er den ganzen Vortrag, ohne zu merken, dass die Gnome ins Gnomenland zurückgekehrt waren. Selbstverständlich haben wir daran gearbeitet, dass er sich diesen Zustand bewahren konnte. Auf dem Kongress hielt er seine sehr gescheite Präsentation problemlos. Mehr noch: Er fühlte sich wohl. Noch mehr: Seine Zuhörer fühlten sich wohl. Sie waren äußerst angetan. Er selbst hat die Gnome Egon, Waldemar und Diederich ins Herz geschlossen. Gnome haben es auch nicht leicht. Sie müssen immer sabotieren. Nun können die drei ausspannen, verschiedene Vortragssäle begutachten, über andere lästern und meinen Klienten wohlwollend begleiten.

Woher ich das weiß? Sie haben mir mehrere Mails geschickt. Die Gnome und mein Klient. Es geht ihnen prima.

Humor verändert Ihren Beruf

Zum Schluss dieses Kapitels möchte ich Ihnen ganz herzlich zu Ihrem Erfolg gratulieren! Was? Schon fertig?, werden Sie fragen. Ja, meine lieben Leserinnen und Leser. Wir haben das zweite Kapitel beendet. Ich kann es selbst gar nicht glauben. Es hat mir riesigen Spaß gemacht! Sie sind einfach hinreißend! Unwiderstehlich! Wirklich. Mit Charme und Esprit! Die Kunden reißen Ihnen Ihr Produkt oder Ihre Dienstleistung aus den Händen. Sie kommen gar nicht mehr mit Ihrer Arbeit hinterher! Und sie macht Ihnen großen Spaß. Ihren Mitarbeitern auch. Und Ihre Kunden kaufen mit einem Lächeln.

So soll es sein! So kann es bleiben! So wird es bleiben. Vorausgesetzt, Sie verlieren vor lauter Arbeit und Erfolg Ihren Humor nicht. Zumindest nicht langfristig. Sonst geht es Ihnen wie all denen, die sehr viel Arbeit und sehr viel Erfolg haben. »Angst essen Seele auf«, um mal den Titel von Rainer Werner Fassbinders Melodram zu benutzen.

Was man auch immer unter Erfolg versteht, es ist nicht leicht, ihn zu erreichen. Noch schwieriger ist es, ihn zu halten. Bei allem Spaß, bei aller Freude. Viele erfolgreiche Menschen fürchten den Verlust ihres Erfolgs und wollen ihn verbissen bewahren. Eine spiralförmige Bewegung nach unten. Der Kampf um den Erhalt des Status beginnt. Ein viel zu hoher Leistungsdruck vertreibt jede Leichtigkeit. Jede Freude. Jeden Spaß. Und jede Distanz zu sich selbst und zum Geschehen. Aus lauter Angst begeht man die Fehler, die man vermeiden will. Mitarbeiter und Kunden fühlen sich demotiviert. Das ist fatal. Ihr Vertrauen schwindet. Sie werden ja nur noch instrumentalisiert. Bestenfalls als »Cashcows« behandelt. Das alles erzeugt Stress, sehr ungesunden Stress. Er kann zu allen möglichen Krankheiten führen, auch zum Burn-out, zur Depression. Bleiben Sie deshalb humorvoll! Sorgen Sie jeden Tag dafür, dass Sie viel zu lachen haben. Privat, mit Freunden, mit der Familie und allein. Im Beruf mit Kollegen, Mitarbeitern, Geschäftspartnern und Kunden.

Wie positiv schon jetzt Humor Ihren Beruf, Ihr Berufsumfeld verändert hat, schauen wir uns jetzt gemeinsam an:

- ✿ Sie kommunizieren charmant, empathisch, heiter.
- ✿ Sie zeigen offen Ihre Emotionen und sprechen die Emotionen anderer an.
- ✿ Sie sind beliebt.
- ✿ Haben Charisma.
- ✿ Und deswegen ein großes Netzwerk.
- ✿ Man schätzt Sie als Teamplayer.
- ✿ Obwohl Sie kein Ja-Sager sind.
- ✿ Auf Ihre unnachahmliche Art setzen Sie sich durch, pointiert, klar.
- ✿ Niemals unfair.
- ✿ Da bleibt es nicht aus, dass Sie sich zu einer hervorragenden Führungskraft entwickelt haben.
- ✿ Sie können viel.
- ✿ Bei all Ihren Kompetenzen besitzen Sie auch noch die Fähigkeit zu motivieren.
- ✿ Kein Wunder, dass Sie Karriere machen. So wie Sie sich und Ihre Produkte präsentieren.

Jemand wie Sie sollte unbedingt seine Erfahrungswerte weitergeben. Vielleicht sogar als Berater, Coach und Trainer. Sie können Menschen verändern. Sie wissen, wie es geht. Denn Sie haben bei sich selbst angefangen. Privat und beruflich. Sie haben Menschen Freude geschenkt. Und Vertrauen. In Ihrer Nähe darf man offen sein. Lachen. Spaß haben. Wachsen.

Ich bitte Sie, jetzt die Übungen aus diesem zweiten Kapitel noch einmal zu rekapitulieren und dabei folgende Fragen zu berücksichtigen. Sie wissen ja: Veränderungen sollten nachhaltig sein, sonst enden sie wie die guten Vorsätze, die man jedes Jahr zu Silvester formuliert.

Evaluationsfragen

1. Haben Sie diese Übung durchgeführt?
2. Wie oft?
3. Welche Gefühle hat diese Übung bei Ihnen ausgelöst? Negativ? Positiv?
4. Wie haben Ihre Kollegen, Mitarbeiter, Geschäftspartner reagiert?
5. Haben Sie Widerstände bei den anderen bemerkt?
6. Welche Art von Widerständen?
7. Wie sind Sie mit den Widerständen umgegangen?
8. Hatten Sie Spaß bei den Übungen?
9. Haben Ihre Mitarbeiter, Kunden, Geschäftspartner Spaß mit Ihnen gehabt?
10. Was hat Humor bei Ihren Zielgruppen verändert?
11. Welche Humorinterventionen werden Sie verstärkt einsetzen?

Übersicht über alle Übungen

Übung 33, Kapitel »Humor schenkt Ihnen Spaß und Freude«, S. 101
Nehmen Sie sich bitte fünf Minuten Zeit, bevor Sie das Haus verlassen, um an Ihren Arbeitsplatz zu gehen. Setzen Sie sich. Schließen Sie die Augen. Denken Sie möglichst an nichts und lächeln Sie. Fünf Minuten lang. Sie werden sofort gute Laune bekommen.

Übung 34, Kapitel »Humor schenkt Ihnen Spaß und Freude«, S. 102
Setzen Sie dann Ihre rote Nase auf, schauen Sie in den Spiegel und feuern Sie sich an: »Ich werde heute dafür sorgen, dass ich selbst Spaß und Freude bei der Arbeit habe.«

Übung 35, Kapitel »Humor schenkt Ihnen Spaß und Freude«, S. 102
Überlegen Sie sich, was Ihnen am heutigen Tag in Ihrem Beruf besonderen Spaß machen wird. Darauf freuen Sie sich. Und bitte nehmen Sie das Freuen ernst. Manche haben sich sehr lange nicht im Beruf ge-

freut. Sie dachten, das sei verboten. Deshalb sollte man das Freuen ein bisschen üben.

Übung 36, Kapitel »Humor schenkt Ihnen Spaß und Freude«, S. 103
Wenn Sie eine Arbeit, ein Meeting, einen Kundenbesuch, ein Konzept oder Ähnliches erfolgreich abgeschlossen haben, loben Sie sich bitte. Und belohnen Sie sich! Ausgiebig.

Übung 37, Kapitel »Humor schenkt Ihnen Spaß und Freude«, S. 103
Loben Sie bitte jetzt Ihre Kollegen und Mitarbeiter.

Übung 38, Kapitel »Humor schenkt Ihnen Spaß und Freude«, S. 104
Setzen Sie Ihre rote Nase auf und schenken Sie allen Kollegen rote Nasen. Erklären Sie ihnen, dass Sie ab sofort Ihr Humorpotenzial entwickeln und mehr Spaß und Freude im Beruf generieren wollen.

Übung 39, Kapitel »Humor schenkt Ihnen Spaß und Freude«, S. 104
Überlegen Sie sich, wie Sie Ihren Kollegen Spaß und Freude schenken können.

Übung 40, Kapitel »Humor schenkt Ihnen Spaß und Freude«, S. 104
Unterschreiben Sie eine Selbstverpflichtung folgenden Inhalts: jeden Tag eine Spaß-Tat!

Übung 41, Kapitel »Humor lässt Sie erfolgreich netzwerken«, S. 109
Lesen Sie noch einmal die Kapitel »Humor macht beliebt« (S. 51), »Humor macht Sie einzigartig« (S. 77) und »Humor schenkt Spaß und Freude« (S. 100).

Übung 42, Kapitel »Humor lässt Sie erfolgreich netzwerken«, S. 110
Machen Sie Ihren Netzwerkmitgliedern Komplimente.

Übung 43, Kapitel »Humor lässt Sie erfolgreich netzwerken«, S. 110
Erzählen Sie humorvolle Anekdoten über Ihren Berufsalltag.

Übung 44, Kapitel »Humor lässt Sie erfolgreich netzwerken«, S. 111
Bieten Sie Unterstützung ohne Gegenleistung an. Vermitteln Sie
Kontakte. Ohne Provision! Öffnen Sie humorvoll Türen für Ihre Netz-
werkpartner.

Übung 45, Kapitel »Humor lässt Sie erfolgreich netzwerken«, S. 111
Bleiben Sie in Verbindung. Mit geistreichen E-Mails oder Einladungen
zum Kaffee. Beziehungen wollen gepflegt werden!

Übung 46, Kapitel »Humor lässt Sie erfolgreich netzwerken«, S. 111
Geben Sie eine humorvolle, intelligente und informative, wahlweise
geistreiche Präsentation zum Besten. Egal, um welches Thema es sich
handelt.

Übung 47, Kapitel »Humor entwickelt Ihre Teamfähigkeit«, S. 118
Initiieren Sie Trainings zur Teamentwicklung, die die Emotionen
berühren und das Teamgefühl stärken.

Übung 48, Kapitel »Humor entwickelt Ihre Teamfähigkeit«, S. 118
Initiieren Sie Unternehmungen außerhalb der Arbeitszeit im halbprivaten Rahmen. Kinobesuche, Bowlen, Pizza-Essen, was auch immer.

Übung 49, Kapitel »Humor entwickelt Ihre Teamfähigkeit«, S. 119
Schaffen Sie einen Raum für Ihr Team als emotionalen Anker.

Übung 50, Kapitel »Humor entwickelt Ihre Teamfähigkeit«, S. 119
Initiieren Sie Spaß- und Freudeaktionen: Ernennen Sie einen Tag zum
Tag des grünen T-Shirts. Vergeben Sie einen Team-Oscar! Veranstalten
Sie Wettrennen auf dem Flur.

Übung 51, Kapitel »Humor entwickelt Ihre Teamfähigkeit«, S. 120
Verändern Sie die Meetingkultur.

Übung 52, Kapitel »Humor setzt Sie durch«, S. 126
Sammeln Sie Situationen, in denen Sie sich schon lange durchsetzen
wollten. Überlegen Sie sich für jede Ihrer Situationen Argumente und
Gegenargumente.

Übung 53, Kapitel »Humor befördert Sie zur Top-Führungskraft«, S. 139
Überlegen Sie sich, wie Sie Ihren Führungsalltag respektvoll, wertschätzend und humorvoll gestalten. Entwickeln Sie Strategien. Erarbeiten Sie Beispiele. Schreiben Sie sie auf.

Übung 54, Kapitel »Humor motiviert Sie und Ihre Kollegen«, S. 145
Bitte lesen Sie den Text von Cathy Fock noch einmal. Möglichst laut.

Übung 55, Kapitel »Humor motiviert Sie und Ihre Kollegen«, S. 147
Erinnern Sie sich an Situationen, in denen Sie sich nicht motivierend und wertschätzend einem Ihrer Mitarbeiter gegenüber verhalten haben. Überlegen Sie sich nun, wie Sie diese Situation mit Humor hätten lösen können.

Übung 56, Kapitel »Humor motiviert Sie und Ihre Kollegen«, S. 147
Überlegen Sie sich möglichst viele Humorinterventionen für Ihre Abteilung / Ihr Team.

Übung 57, Kapitel »Humor bewegt Ihre Karriere«, S. 148
Bitte schreiben Sie auf, wie ein humorvolles Wesen und eine humorvolle Kommunikation Sie auf Ihrem Karriereweg unterstützen.

Übung 58, Kapitel »Humor präsentiert Sie überzeugend«, S. 157
Bereiten Sie eine Rede für einen Anlass Ihrer Wahl vor. Am besten eignen sich Geburtstage, Hochzeiten, Scheidungen oder Partys, um gefahrlos zu üben.

Übung 59, Kapitel »Humor gewinnt Ihre Kunden«, S. 162
Schreiben Sie bitte auf, wie Sie Ihr Produkt und Ihre Dienstleistung mit Humor verkaufen können.

Und? Staunen Sie? Über sich selbst? Dazu haben Sie auch allen Grund! Ah, ich sehe es: Sie zücken schon die rote Nase. Ja bitte! Gehen Sie in Ihrem Businessdress oder Ihrer Arbeitskluft an Ihren Arbeitsplatz, setzen Sie die rote Nase auf und machen Sie ein Foto! Kleben Sie es an den dafür vorgesehenen Platz weiter unten. Ein Bild von mir mit roter Nase bei meiner Arbeit finden Sie hier.

Und nun wieder Sie!

Es ist schon erstaunlich, wie sehr Humor Menschen verändert. Sie selbst sind für mich das beste Beispiel. Gut, ich kenne Sie natürlich jetzt auch schon viel besser. Und kann beurteilen, wie sich Ihr Berufsleben verändert hat. Hätten Sie sich das träumen lassen? Als Sie das Buch kauften? Niemals, oder? Sie haben viel erreicht. Und das war's.

War's das? Nein! Jetzt geht es richtig los! Im nächsten Kapitel. Da verändern wir ganze Organisationen!

3. **HUMOR**
verändert
Unternehmen

**Humor als Erfolgsstrategie
in Unternehmen**

Sind Sie bereit? Die rote Nase sitzt? Morgens, um halb acht in Deutschland? Gut! Ich verspreche Ihnen, wenn wir das Thema in alle Unternehmen lanciert haben, gehört die rote Nase zum Dress-code. Apropos: Ich gehe davon aus, dass Sie mittlerweile genau wie ich Kartons voller roter Nasen besitzen? Das ist gut so. Wir werden sie brauchen. Die roten Nasen.

Ich schlage vor, wir reden erst einmal mit der Unternehmensfüh-rung. Humor als Bestandteil von Unternehmenskultur kann nur »Top-down« initiiert werden. Sonst bestimmt Humor bestenfalls die Kultur einzelner Abteilungen. Das kann durchaus effizient sein, aber in diesem Kapitel denken wir in größe-ren Zusammenhängen. Wir wollen Humor als Unternehmensphilosophie implementieren. Und dafür muss die Unternehmensleitung verstehen, um was es geht. Wir müssen ihr erklären, dass Humor mit Humor zu tun hat. Dass man Humor als Führungsinstrument nicht nutzen kann, ohne sich selbst humorvoll zu verhalten. Dass man sich nicht waschen kann, ohne nass zu werden. Dass man Spaß und Freude nicht ohne Humor erhalten kann. Dass zum Humor auch Querdenken, Innovation, Kreativität, Selbstständigkeit, ein positives Menschenbild und Werte gehören. Humor ist weit mehr als bloß ein »Tool«. Humor ist ein Wert an sich. Ein bisschen Humor gibt es nicht. Ein bisschen schwanger gibt es auch nicht.

Ein bisschen Humor gibt es nicht.

Oje? Wieso sagen Sie »oje«? Das verstehen die nie? Doch, das verste-hen die. Das sind kluge Menschen. Und außerdem haben die meis-ten Humor. Auch wenn sie glauben, ihn nicht zeigen zu dürfen. Wir werden ihnen einfach erst einmal erzählen, wie alles angefangen hat. Nein, natürlich nicht in Deutschland. In den USA. In einem Land, in dem Ernst und Unterhaltung sich nicht widersprechen. Da liegt es nahe, Humor in die Wirtschaft zu integrieren. Für Amerikaner ist das ganz logisch – wie die folgende Geschichte zeigt.

Ein Herr namens John Yokoyama kaufte 1965 einen Fischmarkt in Seattle mit dem Namen »Pike Place Fish«. Fischhändler zu sein, auf einem Fischmarkt zu arbeiten, ist kein Zuckerschlecken. Nirgendwo. Die Arbeit ist hart, manchmal stinkt es, das Wetter ist auch nicht immer schön und außerdem verdient man nicht viel. Weder Herr Yokoyama noch seine Mitarbeiter arbeiteten sehr gerne dort. Um nicht zu sagen: Die Motivation war total im Keller. Nach 25 Jahren schwerer unbefriedigender Arbeit besuchte Herr Yokoyama ein Seminar. Dieser Besuch – ich sag es ja, Weiterbildung lohnt sich – inspirierte ihn nachhaltig. Er entwickelte für sich und seinen Fischmarkt eine Vision: Pike Place Fish wird in der ganzen Welt berühmt! (Da soll keiner sagen, nur ich hätte komische Ideen.) Ihm war klar, dass diese Vision nur eine Chance hat, wenn alle seine Mitarbeiter von ihr überzeugt sind. An einem Strang ziehen und alles, wirklich alles geben. Tja, was soll ich sagen? So kam es. Es ist kein Märchen. Schauen Sie sich die Filme auf Youtube an[14] oder die Homepage von Pike Place Fish.*

Pike Place Fish zu besuchen ist ein »Muss« – wenn Sie mal in Seattle sind, schauen Sie vorbei! Dort sprechen die Fische mit Ihnen! Oder fliegen über Ihre Köpfe! Die Fischverkäufer arbeiten geradezu artistisch mit Fisch. Sie machen Scherze, Gags, reine Comedy. Sie wollen, dass Besucher und Kunden Spaß und Freude haben. Mit wildfremden Menschen! Mit wildfremden Verkäufern! Alle erleben hier einen fantastischen Tag. Mitarbeiter und Besucher. Außerdem kann man natürlich Fisch kaufen. Und eine Vision: Wenn Mitarbeiter und Kunden Spaß und Freude an einer Unternehmung haben, dann wird sie zum Erfolg! Pike Place Fish wurde so berühmt, dass es seine Motivationsstrategie weltweit in Trainings und Büchern verkauft.[15]

Auch die Firma Playfair Inc. mit ihrem Gründer Matt Weinstein[16] setzt auf Humor, auf Spaß und Freude zur Mitarbeiter- und Kun-

---

* www.pikeplacefish.com

denmotivation.* Andere amerikanische Unternehmen haben ebenfalls Humorformat bewiesen: Wells Fargo, Crate und Barrell, die Ford Motor Company, Southwest Airlines, Hewlett Packard, Walmart, die Bank of Amerika, um nur einige zu nennen.

Klar, höre ich diverse Geschäftsführer sagen: »Ja, in den USA, da geht das. Aber hier? Hier ist das völlig unmöglich! Bei den gewachsenen Strukturen!« Nun, die Strukturen haben sich hier, in Europa, in Deutschland durch die Globalisierung, den internationalen Wettbewerb gravierend verändert. Oder sie verlangen nach Veränderung. In Teil 2 dieses Buches »Humor verändert Ihren Beruf« (S. 95) können Sie die Gründe noch mal nachlesen.

Selbstverständlich haben deutsche Unternehmen, wie Robert Bosch, die Audi-Akademie, Galeria Kaufhof und andere, mit Humor als Führungsinstrument und Motivationsphilosophie schon gearbeitet. Ich selbst trage das Thema Humor in Unternehmensberatungen, Verwaltungen (!), mittelständische Firmen und Konzerne. Ich sehe tiefe Zweifel in Ihren Augen? Sie fragen sich, was der Nutzen, der Benefit für die Unternehmen sein soll? Was Sie davon haben? Ganz einfach:

- ✿ Wenn Sie echte Visionen kreieren und sich von ihnen leiten lassen wollen,
- ✿ wenn soziale Verantwortung und Nachhaltigkeit zu Ihrer Unternehmensphilosophie gehören,
- ✿ wenn die Reputation Ihres Unternehmens ein hohes Niveau erreichen soll,
- ✿ wenn Ihr Unternehmen auf einem positiven Menschenbild aufbaut und sein Handeln dementsprechend ausrichtet,
- ✿ wenn Sie auf motivierte Mitarbeiter setzen, die mit Spaß Leistung erbringen und Ihr Unternehmen als belebend empfinden,
- ✿ wenn Sie qualifizierte Mitarbeiter gewinnen wollen, die sich in Ihrem Unternehmen gefördert fühlen,
- ✿ wenn Ihr Unternehmen kreative Lösungen sucht,

---

* www.playfair.com

- wenn Sie Kunden und Zulieferer gewinnen oder an sich binden wollen, die die Geschäftsbeziehung mit Ihrem Unternehmen als reine Freude empfinden,
- wenn Sie auf dem internationale Markt vertrauensvolle Geschäftsbeziehungen entwickeln wollen,
- wenn Sie Wachstum wollen und Veränderungen, die die Menschen mittragen …

… dann brauchen Sie Humor! Humor ist Unternehmensphilosophie. Und Führungsinstrument. Humor schafft Wachstum. Persönliches und ökonomisches!

Liebe Mitstreiterinnen und Mitstreiter, nun schlagen wir den Damen und Herren Geschäftsführern eine kleines Spiel vor. Sie dürfen ihre Argumente gegen Humor als Bestandteil der Unternehmensführung offen ins Feld führen. Wir bemühen uns, ihnen die Vorteile von Humor überzeugend und humorvoll darzustellen. Sollte es uns nicht gelingen, werden wir sie nie wieder mit Humor, mit Freude und Lachen belästigen. Wenn es uns aber gelingt, lassen sich alle Geschäftsführer mit einer roten Nase fotografieren und in diesem Buch veröffentlichen. Einverstanden? Einverstanden!

Humor fördert Leistung

Darum, meine Damen und Herren von der Geschäftsleitung, geht es doch in Ihrem Unternehmen: um Leistung! Um möglichst mehr Leistung. Ja, aber? Sie möchten nun Ihre Argumente gegen Humor als Leistungsförderer ausführen? Bitte schön! Schießen Sie los:

Humor verhindert Leistung. Humor stört die Prozesse in Unternehmen. Humor verschlingt viel Zeit. Humor untergräbt die Autorität der Führungskräfte. Humor weckt schlafende Hunde: Die Schleusen für Kritik am Unternehmen werden geöffnet. Emotionen freigesetzt. Emotionen stören den reibungslosen Ablauf. Humor ist anarchisch. Humor untergräbt die notwendige Disziplin. Unternehmensprozesse brauchen Kontrolle. Humor verhindert Kontrolle. Disziplin und Kontrolle sind die Basis von Leistung. Ergo: Humor verhindert Leistung. Und außerdem: Arbeit ist eine ernste Angelegenheit. Das Leben ist doch kein Wunschkonzert!

Doch, meine Damen und Herren, das Leben ist ein Wunschkonzert. Menschen wünschen sich so vieles. Vor allem Menschen in Unternehmen. Ganz oben in der Firmenleitung wünscht man sich den Erfolg für das Unternehmen. Und Gewinnmaximierung. Reibungslose Prozesse. Möglichst keine negativen Veränderungen. Möglichst gar keine Veränderungen (wenn es gut läuft). Führungskräfte auf der mittleren Ebene wünschen sich auch Erfolg: Einfluss, Geld, Karriere, Status, Selbstverwirklichung, Macht. Und alle Mitarbeiter wünschen sich eine angenehme Arbeitsatmosphäre, Anerkennung, Absicherung, Herausforderung, nette Kollegen, Respekt, Selbstverwirklichung, Spaß an der Arbeit. Sogar Zulieferer haben Wünsche. Den Wunsch, weiter Zulieferer sein zu dürfen. Zu möglichst annehmbaren Bedingungen. Und erst die Kunden. Glauben Sie mir, Kunden haben immer Wünsche: Wünsche nach Qualitätsware, hervorragender Dienstleistung, einem sehr guten Service, individuellen Lösungen für ihre Probleme, freundliche Kundenberatung, faire Preise. So viele Wünsche. Unternehmen sind ein Hort der Wünsche. Unterschiedlichster beruflicher und privater Wünsche. Nirgendwo wird so viel gewünscht wie in Firmen.

Natürlich lassen sich nicht alle Wünsche immer erfüllen. Die Wünsche nach Anerkennung, Wertschätzung, Spaß und Freude, die lassen sich aber ganz leicht erfüllen.

Man muss nur begreifen, dass auch in Unternehmensprozessen Menschen Menschen bleiben. Mit allen Stärken und Schwächen. Mit ihren Bedürfnissen und Wünschen. Sie geben ihr Menschsein nicht beim Pförtner ab. Wer die elementaren Bedürfnisse nach Anerkennung, Freude, Wertschätzung, Zuwendung erfüllt, der legt den Grundstein für Leistung. Für mehr Leistung. Menschen wollen arbeiten. Dieser Wunsch ist

Menschen geben ihr Menschsein nicht beim Pförtner ab.

dem Menschen immanent. Er fördert das Gefühl von Sinnhaftigkeit und Glück. Wer dieses Gefühl untergräbt, wer Menschen also demotiviert, der befördert ihre Leistungsbereitschaft nach draußen. Mitarbeiter versehen dann ihren Dienst nach Vorschrift und engagieren sich außerhalb des Unternehmens. Wer aber seinen Mitarbeitern die genannten Wünsche erfüllt, erntet Wachstum, schöpft Werte.

Eine Unternehmenskultur, die wertschätzend handelt, auch gegenüber Zulieferern und Kunden, basiert auf einem positiven Menschenbild. Das wiederum setzt auf emotionale Intelligenz. Wer gut mit seinen Gefühlen umgehen kann, der kann sich und andere motivieren. Jeder Leistungssportler, jeder Trainer weiß das. Wer seine Gefühle unterdrückt, kann nur begrenzt etwas leisten. Gegen die eigenen Gefühle zu arbeiten raubt Energie. Und macht krank. In Unternehmen wird viel Energie darauf verschwendet, Gefühle zu unterdrücken. Dieser Energieeinsatz lässt die Emotionen nicht verschwinden. Sie kommen in veränderter Form an anderer Stelle wieder zum Vorschein. Oft destruktiv. Als latente oder offene Unzufriedenheit, als Meckerkultur, als Demotivation, als Blockade, als kontraproduktive Unternehmenskultur leben sie weiter. Sie sabotieren Erfolg.

Wenn Emotionen in Prozesse integriert werden, können sie Motivatoren sein. Humor setzt Emotionen frei und baut Blockaden ab. Verhindert destruktive und demotivierende Kommunikation. Schafft Impulse zur Veränderung. Das setzt natürlich voraus, dass Veränderung gewollt wird.

Ja, es stimmt: Weiche Faktoren in Unternehmensprozesse zu integrieren, braucht tatsächlich Zeit. Doch die Zeit ist da. Denn ab sofort benötigen Sie keine Zeit mehr dafür, all das zu unterdrücken, was sich an Widerstand durch die Vernachlässigung weicher Faktoren angestaut hat. Gut, oder? Da wird ein riesiges Zeitkontingent freigesetzt. Das brauchen sie noch nicht einmal vollständig für die Einführung von Humor in Ihr Unternehmen.

Schauen wir uns nun das Thema »Humor versus Disziplin und Kontrolle« genauer an. Selbstverständlich brauchen Unternehmensprozesse Disziplin und Kontrolle. Ich bin da ganz bei Ihnen. Haben Sie schon einmal Heinz Erhardt, Peter Alexander, Michael Mittermeier, Anke Engelke, Ina Müller auf der Bühne oder im Fernsehen gesehen? Ich kenne keine Komiker, die nicht hoch diszipliniert an ihrer Kunst arbeiten. Ständig ihre Leistung evaluieren und kontrollieren. Humor in Unternehmen bedeutet doch nicht immerwährenden Karneval. Nicht Klamauk ohne Sinn und Ziel. Humor in Unternehmen pointiert Führung, fördert Innovationen und schafft Motivation. Auf der Basis von Werten und Wertschätzung. Mit der Kenntnis menschlichen Verhaltens. Nein, Humor ist nicht »weich«. Humor ist ein Soft Skill. Wenn Sie wollen, eine feminisierte Kommunikationsstrategie. Die Feminisierung der Wirtschaft hat schon lange begonnen, die Feminisierung der Führung folgt. Gut, dafür werden einige Männer Humor brauchen. Aber auch diese Veränderung ist, zumindest in Demokratien, nicht aufzuhalten.

Humor in Unternehmen bedeutet nicht Klamauk ohne Sinn und Ziel.

Nach meiner Erfahrung beherrschen die Menschen Soft Skills am besten, die Selbstverantwortung und Souveränität besitzen. Eine Persönlichkeit also. Humor als integraler Bestandteil der Unternehmens- und Leistungskultur fordert und fördert diese Eigenschaften. Zur Selbstverantwortung gehören Disziplin und (Eigen-)Kontrolle. Die Anwendung von Humor im Unternehmen benötigt Disziplin und Kontrolle. Denn Humor ist eine Strategie. Unter Strategie werden in der Wirtschaft klassisch die Verhaltensweisen der Unternehmen zur Erreichung ihrer Ziele verstanden. Die Strategie »Humor« hat ein Ziel. Das Ziel heißt Motivation. Motivation zu mehr Leistung. Leistung, die erfüllt und Spaß macht.

Meine Damen und Herren der Geschäftsführung, so weit unsere Ausführungen zum Thema »Leistung«. Wie bitte? Sie finden unsere Ausführungen interessant? Das freut uns. Demnach sei Humor eine Erfolgsstrategie in der Wirtschaft? Genauso ist es. Wir hätten es nicht besser ausdrücken können.

Humor kultiviert die Unternehmens-kommunikation

Ein Unternehmen muss sich und seine Leistung auf dem Markt bekannt machen. Da sind wir uns einig, meine Damen und Herren. Sonst kennt es ja niemand. Und was der potenzielle Kunde nicht kennt, kauft er nicht. Erschwerend kommt hinzu, dass sich viele Produkte ähneln. Jeder, der versucht einen neuen Handytarif zu ergattern, weiß, wie sehr. Diese Ähnlichkeit macht auch Unternehmen Sorgen. Denn sie zwingt das Unternehmen, ein Alleinstellungsmerkmal zu entwickeln. Unter Marketingprofis und allen, die so wirken wollen, heißt das USP: Unique Selling Point. Auch die Unternehmensphilosophie, die Unternehmenskultur, die Werte und Normen eines Unternehmens, sein soziales, ethisches, ökonomisches Verhalten bestimmen das Alleinstellungsmerkmal. Einfach ein Bier trinken ist nicht politisch korrekt. Ein Bier zu trinken und mit jedem Promille den Regenwald zu retten, das ist nachhaltig. Das sagt auch die Leber.

Die Unternehmenspersönlichkeit wird nach innen und nach außen kommuniziert. Mittels interner Kommunikation, Werbung, Öffentlichkeitsarbeit, Marketing, Sponsoring und so weiter. Im globalen Wettbewerb nennt man diese Maßnahmen Corporate Communication. Soweit die Begriffsklärung. Nun zu Ihren Argumenten gegen Humor in der Unternehmenskommunikation. Hallo? Sie lächeln so verschmitzt? Sie müssen uns enttäuschen? Sie sagen:

Humor im Marketing ist durchaus brauchbar. Wenn es passt.
Kein Diskussionsbedarf.

Das war es also? Sie möchten jetzt das nächste Kapitel in Angriff nehmen? Liebe Geschäftsführerinnen und Geschäftsführer! Das haben Sie sich so gedacht! Ganz so einfach kommen Sie hier nicht weg. Führen wir das noch ein bisschen aus.

Es gibt wunderbare Beispiele für gelungene Werbung mit Humor. Früher gab es das HB-Männchen. Erinnert sich noch jemand daran?

Ich fand es lustig. Heutzutage darf man leider nicht mehr in die Luft gehen. Das gilt als uncool. Dafür haben wir Mario Barth im Media-Markt. Das finden einige auch ganz komisch. Die Sparkassenwerbung mit den bunten Fähnchen und ihre Nachfolger mag ich ganz besonders! Ich habe mir die Werbung im Fernsehen aufmerksam angeschaut. Ich kann jetzt nicht sagen, dass es in Deutschland von lustigen Werbefilmen nur so wimmelt. Es wimmelt eher nicht. Aber sie existieren. Wirklich nur der Vollständigkeit halber erwähne ich, dass in den USA Humor in der Werbung sehr viel häufiger vorkommt. Ich nenne nur George Clooneys Nahtoderfahrung mit Nespresso.

Ich kenne ein deutsches Unternehmen für erneuerbare Energie, das seine Leistung in Südamerika und Afrika per Comics darstellt. Das Thema »Erneuerbare Energie« ist dort nämlich nicht sonderlich bekannt. Außerdem gab es diverse Sprachprobleme. Jetzt nicht mehr! Comics werden international verstanden.

Daniel Adolph, Geschäftsführer der Werbeagentur Jung von Matt / Neckar, bescheinigte in seinem Vortrag an der Hochschule Pforzheim Humor in der Werbung folgende Wirkung: Humor stelle einen Ausweg aus der Reizüberflutung dar und schaffe dort Aufmerksamkeit, wo ansonsten abgeschaltet werde. Außerdem wirke Humor wie ein Katalysator, mit dem der Konsument die transportierten Botschaften besser erinnert.[17] Tja, vielleicht wollen manche Unternehmen nicht, dass ihre Botschaften erinnert werden? Nichts ist unmöglich, oder?

Zusammenfassend können wir sagen, in der deutschen Werbung wird nicht immer, aber immer öfter zum Humor gegriffen. Das ist schön. Das war's aber auch schon. Abgesehen von der Werbung findet sich in der Unternehmenskommunikation wenig bis gar kein Humor. Warum eigentlich? Was spricht gegen eine humorvolle interne Unternehmenskommunikation? Meine Damen und Herren Geschäftsführer, Sie würden so leicht Menschen für sich gewinnen! Zum Beispiel Kunden! Was ja für ein Unternehmen nicht das Allerschlimmste ist. Sie könnten zum Beispiel eine Kundenzeitschrift humorvoll gestalten. Oder Ihren Internetauftritt. Warum nicht mit einer Kundenkummerecke? Diese Ecke könnte auch »KeyAccountPoint«

heißen und das Thema »Reklamationen« selbstironisch präsentieren. Zum Beispiel durch die Figur einer Putzfrau. Oder eines Pförtners. Oder eines Kundenberaters namens Dr. Sommer. Natürlich benötigt ein Unternehmen dazu Mut! Mut gehört dazu. Sag ich immer wieder. Das gilt nicht nur für Einzelne, sondern auch für Unternehmen. Verehrte Geschäftsführerinnen und Geschäftsführer, Mut gehört doch zu Ihrer Jobdescription!

In dem eben beschriebenen Falle brauchen Sie den Mut, öffentlich zuzugeben, dass Reklamationen existieren. In allen Unternehmen existieren Reklamationen. Reklamationen sind doch nicht das Problem. Der Umgang mit Reklamationen ist das Problem! Für die Kunden wären die ebenfalls oben vorgeschlagenen Maßnahmen ein Signal, das zeigen würde: »Wir, die Kunden werden ernst genommen.« Nein, meine Damen und Herren, Sie verkennen die Wirkung von Humor. Es würde nicht signalisieren: »Wir Kunden werden veräppelt.«

Warum nicht im Intranet einer Comedy-Figur Raum geben, die Probleme im Unternehmen humorvoll anspricht? Allein der Umstand, dass Kritik im Unternehmen möglich ist, würde das Klima positiv verändern und Kommunikationsblockaden öffnen. Die Herzen der Mitarbeiter flögen Ihnen zu. Sie müssen es nur wollen. Was für spätere Veränderungsprozesse übrigens sehr nützlich sein kann. Die gefürchtete Einführung von SAP beispielsweise könnte man zu Beginn humorvoll begleiten. Nach dem Motto »Pleiten, Pech und Pannen aus anderen Unternehmen«. Auch eine Ansprache des Unternehmenschefs zur Einführung darf komisch sein. So ein Veränderungsprozess ist doch wirklich kein Pappenstiel. Natürlich entwickeln Mitarbeiter da Angst. Auch Führungskräften kann es mulmig werden. Das ist kein Verbrechen! Das ist ein Zeichen von Intelligenz.

Damit Sie mit jeder Form von Unternehmensmulmigkeit humorvoller umgehen können, hier eine Übung für den Geschäftsführer- und Oberste-Führungsetage-Kreis.

Wenn schon Humor in der Unternehmenskommunikation intern und extern für Sie vorstellbar ist, warum dann das Wort Unternehmenskommunikation nicht ernst nehmen und als Kommunikation aller Menschen, die mit dem Unternehmen zu tun haben, verstehen. Warum implementieren Sie nicht Humor als Bestandteil des Corporate Behaviour? Des Verhaltens und Benehmens der Aktionäre, Gläubiger, Kunden, Lieferanten, Mitarbeiter und so weiter, also der Stakeholder, untereinander? Sie werden Glaubwürdigkeit und Reputation in bisher unvorstellbarer Größenordnung erlangen. Wir sehen riesige Fragezeichen auf Ihrer Stirn?

Humor basiert auf Werten: Wertschätzung, Nachhaltigkeit, offener Kommunikation, der Mensch steht im Mittelpunkt. Das hatten wir doch schon! Wenn Sie diese Werte leben und allen Stakeholdern zusätzlich die Werte Spaß und Freude an der Leistung des Unternehmens vermitteln, dann, meine Damen und Herren, haben Sie wirklich ein Alleinstellungsmerkmal. Man wird über Sie sprechen! Man wird darum betteln, bei Ihnen arbeiten zu dürfen! Man wird sich darum reißen, bei Ihnen einzukaufen. Man wird Sie in Talkshows einladen! Ihr Unternehmen wird Vorbild!

Nennen Sie das Ganze einfach »Corporate Humor«. Humor ist natürlich niemals »corporate«. Man kann keinen einheitlichen Humor verordnen. Humor ist individuell. Trotzdem klingt es prima. Oder? Ihre Wettbewerber werden grün vor Neid.

Wir sehen Sie beeindruckt. Sie sind es? Möchten Sie erfahren, wie »Corporate Humor« aussieht? Ja! Dann folgen Sie uns in das nächste Kapitel.

Humor ist Motivation mit Vision

Unternehmen müssen Menschen motivieren. Dazu, für die Ziele der Firma zu arbeiten. Deren Vision zu der eigenen zu erklären. Leistung zu erbringen. Und diese Leistung zu kaufen. Wertschätzung gilt dabei als ein wesentlicher Motivationsfaktor. Dennoch wird er in vielen Unternehmen schmerzlich vermisst. Genauso schmerzlich wird dann der Erfolg vermisst. Leider gibt es Unternehmen, die keinen Zusammenhang zwischen wertschätzendem Umgang und ökonomischem Erfolg erkennen. Und weil die Geschäftsführung auf Fehlersuche ist, wird der Druck gesteigert und das Misstrauen »optimiert«. Die Folgen liegen auf der Hand (siehe auch Kapitel »Humor motiviert Sie und Ihre Kollegen«, S. 140):

    ✧ Zu viel Kontrolle zerstört den Enthusiasmus der
      Mitarbeiter.
    ✧ Emotionen werden ignoriert und abgewertet.
    ✧ Die Kommunikation über Unternehmensvisionen
      und Strategien fehlt.

- Die Mitarbeiter werden nicht in Entscheidungen und Unternehmensprozesse einbezogen.
- Perfektionismus verhindert Innovation. Fehler werden nicht toleriert.
- Anreize und Motivation fehlen.
- Unfairness und Ungleichbehandlung zerstören Vertrauen.

Alles zusammen verhindert, dass Menschen mit Engagement arbeiten.

Übung 61

Ach, wissen Sie was? Lesen Sie einfach noch mal das Kapitel »Humor motiviert Sie und Ihre Kollegen«, sehr verehrte Damen und Herren der Geschäftsführung! Dann brauche ich nicht mehr auf die Details einzugehen. Wir warten so lange.

Haben Sie es gelesen? Danke schön! Dann nennen Sie bitte Ihre Argumente gegen Humor als Motivationsstrategie. Sie sind durchaus der Meinung, dass ein bisschen mehr Humor der Wirtschaft und der Unternehmenskultur guttut? Das ist ja schon mal etwas. Was verstehen Sie denn unter »ein bisschen mehr Humor«? Einen lustigen Event? Zusammen in eine Comedyshow gehen? Mal locker lassen? Nicht alles so verbissen sehen? Aha. Wie wollen Sie das denn umsetzen, das »Lockerlassen«? Keine Ahnung, Sie könnten ja mich engagieren? Können Sie nicht! Ich bin doch nicht Ihr Pausenclown! Humor ist eine ernsthafte Angelegenheit!

Wie also lautet Ihr Statement? Wir hören:

Humor als Motivationsstrategie zu implementieren, ist schwer vorstellbar. Das kostet zu viel Zeit und Energie. Die Mitarbeiter werden sich veräppelt fühlen. Und das Management macht da schon gar nicht mit. Das sind

Wirtschaftswissenschaftler und Ingenieure! Ein Unternehmen ist doch kein Kinderparadies.

Nein, meine Damen und Herren, Unternehmen sind keine Kinderparadiese. Auch keine Paradiese für Erwachsene. Schade eigentlich. Und warum? Weil man arbeiten muss? Bestimmt nicht. Menschen wollen arbeiten. Nein, weil der einzelne Mensch nicht als Mensch wertgeschätzt wird! Weil man ihn nur als Funktionsträger betrachtet. Weil er funktionieren soll. Fehlerlos. Möglichst ohne Emotionen. Das macht auf Dauer unglücklich und krank. Spiel, Spaß und Spannung haben da natürlich keinen Raum. Arbeit darf kein Vergnügen machen! Dienst nach Vorschrift heißt die Devise! Es gibt Unternehmen, die strahlen so viel schlechte Laune aus, dass es auch kein Vergnügen macht, dort Kunde zu sein. Es ist eher eine Strafe.

Und da setzt Humor als Motivationsstrategie an. Sie erinnern sich an Herrn Yokoyama und Seattles Pike Place Fish? Alle, die mit seinem Fischmarkt zu tun hatten, empfanden es als Strafe, dort sein zu müssen. Alle! Mitarbeiter, Kunden, sogar Herr Yokoyama selbst. Bis, ja, bis Herr Yokoyama den Humor als Motivationsstrategie entdeckte.

Und nun bitte ich Sie, uns zu vertrauen und folgende Humorschritte mit uns zu gehen. Jetzt? Na klar! Wenn nicht jetzt, wann dann?

Humorschritt »Vision entwickeln«

Als Erstes entwickeln Sie für Ihr Unternehmen eine Vision, die alle mittragen. Und bitte nicht nach dem Motto »Wir wollen Marktführer werden«. Das ist ja schön. Aber reißt das wirklich alle Mitarbeiter vom Hocker? Visionen müssen emotional sein! Dürfen mit dem erträumten Erfolg zu tun haben. Sollen alle berühren. Und motivieren. Ja, sie können sogar ein kleines bisschen unerreichbar sein. Herrn Yokoyamas Vision hieß: »Wir werden weltberühmt.« Das war wirklich vermessen für einen Fischmarkt. Und dann hat es auch noch geklappt! Ich habe in meinem Leben noch nicht so viele glückliche Fischverkäufer gesehen. Von den Kunden ganz zu schweigen.

Meine Damen und Herren Geschäftsführer, rufen Sie bitte Ihr Management in ein Meeting. Alle da? Gut. Wie viel Leute sind Sie? Acht. Bilden Sie bitte vier Gruppen à zwei Manager. Jede Gruppe nimmt ein DIN-A4-Papier und bastelt daraus einen Papierflieger. (Was ist los? Sie wissen nicht, wie das geht? Schauen Sie mal ins Internet. Hier* finden Sie Bastelanleitungen für verschiedene Papierfliegermodelle. Wählen Sie zwischen Concorde, Fledermaus, Schwalbe, Starfighter, Stealth und Vulcan. Wenn das nicht toll ist! Allerdings müssen Sie sich alle für ein gemeinsames Modell entscheiden.) Jede Gruppe bastelt nun ihren Papierflieger. Fertig? Ging doch ganz gut, oder? Jetzt erfindet jede Gruppe eine kurze, emotional mitreißende Vision und schreibt sie auf den Papierflieger. Sind alle so weit? Und nun lässt jede Gruppe ihren Flieger starten und ruft dabei ihre Vision.

Dieses war der erste Streich, und der zweite folgt sogleich: Sie haben also jetzt vier Visionen. Bilden Sie nun aus jeweils zwei Gruppen eine. Insgesamt gibt es also nur noch zwei Gruppen. Diese zwei Gruppen entscheiden sich nun entweder für eine der beiden ersten Visionen. Oder machen daraus etwas ganz anderes. Oder modifizieren. Jedenfalls soll am Ende eine Vision herauskommen, die jeder in der Gruppe mittragen kann. Während sie diskutieren und entscheiden, bastelt ein Gruppenmitglied einen neuen Papierflieger. Den beschriften Sie mit der Vision. Haben Sie es? Die andere Gruppe auch? Stellen Sie sich jetzt bitte in Position, schicken Sie nacheinander Ihre Flieger gen Himmel und rufen Sie Ihre Visionen.

Und nun der dritte Streich: Aus den zwei Gruppen wird eine große Gruppe. Sie entscheiden sich für eine Vision oder entwickeln eine, die alle gut und motivierend finden. Ich sehe, der Herr dort hinten bastelt schon an dem neuen Papierflieger. Bitte beschriften Sie den Flieger, stellen Sie sich in Position und lassen Sie Ihre Unternehmensvision fliegen.

Wow! Was für eine tolle Vision! Hat es Spaß gemacht? Ich sehe lachende Gesichter.

---

* www.philognosie.net/index.php/tip/tipview/233/

Humorschritt »Spaß und Freude für Stakeholder«

Nun gilt es als Zweites die Menschen, die mit Ihrem Unternehmen zu tun haben (die Stakeholder), so zu motivieren, dass sie dieser Vision folgen. Ich möchte noch einmal unterstreichen, dass die Motivationsstrategie »Humor« nur funktioniert, wenn Sie tatsächlich das Konzept des wertschätzenden Umgangs mit Menschen in den Mittelpunkt aller Unternehmensprozesse stellen. Ich weiß, das ist nicht so einfach. Aber Ihr Mut macht sich bezahlt. Umso wichtiger ist es, dass zuerst die obere Führungsetage sich mit diesem Thema vertraut macht und es mitträgt. Da haben Sie schon einiges zu tun, meine Damen und Herren. Keine Angst, wir sind bei Ihnen.

Überlegen Sie sich, wie Sie Ihrer unmittelbaren Umgebung mehr Spaß und Freude bereiten können. Nicht grinsen, liebe Führungskräfte. Klingt komisch. Ich weiß. Ist es auch.

Übung 62

Bitte analysieren Sie, mit wem Sie direkt zu tun haben: Mitarbeiter, Kollegen, der Pförtner. Mit Geschäftspartnern, Zulieferern, Kunden beschäftigen wir uns später.

Übung 63

Analysieren Sie nun den Ist-Zustand: Wie kommunizieren Sie? Wie wirken Sie auf die besagten Zielgruppen? Macht es den Menschen Spaß und Freude, mit Ihnen zu arbeiten? Wie sieht es bei Ihnen mit Kontrolle und Fehlertoleranz aus? Starker Tobak? Jawohl. Und ein gerüttelt Maß an Selbstwahrnehmung.

Übung 64

Überlegen Sie, wie Sie den Menschen in Ihrem Arbeitsumfeld Freude machen können. Freude in Bezug auf die Wertschätzung fängt bei sehr kleinen Dingen an. Bei Höflichkeit zum Beispiel. Bei einem menschlichen Umgang. Damit, zu grüßen, an Geburtstage zu denken, sich auch für Kleinigkeiten zu bedanken, jemanden auf einen Kaffee einzuladen und zu wissen, wer die Menschen sind, mit denen man es unmittelbar zu tun hat. Wie ihre private Situation ist. Welche Bedürfnisse sie haben. Welche Schokolade sie gerne essen. Ob Sie Fans einer bestimmten Band oder eines Fußballvereins sind. Daraus ergeben sich Gespräche – echte Gespräche, die echtes Interesse signalisieren und Anregungen für Geschenke zu bestimmten Anlässen geben. Geschenke, die persönlicher sind als der obligatorische unternehmensübliche Blumenstrauß. Wie können Sie also diesen Menschen mit Kleinigkeiten etwas Gutes tun? Einfach so.

Übung 65

Setzen Sie sich mit Ihrer Führungsriege in einen Kreis, und jeder sagt seinem rechten Nachbarn, was ihm heute an ihm/ihr besonders gut gefällt. Ohne zu lachen. Oder Witze zu machen. Wie fühlt sich das an? Lob motiviert. Loben Sie Ihre Mitarbeiter und Kollegen. Auch und besonders für Kleinigkeiten.

Übung 66

Wie können Sie Spaß in Ihren Arbeitsalltag integrieren? Einfach Spaß? Hemmungslosen Spaß? Lachen, bis die Schwarte kracht? Oder wenigstens schmunzeln? Das probieren Sie erst einmal im Selbstversuch aus. Jeder in Ihrem Führungskreis soll versuchen, die anderen Manager-Kollegen ohne Worte zum Lachen zu bringen. Ohne Worte, bitte! Wie auch immer. Trauen Sie sich! Sie sind die Vorreiter der Humorrevolution! War doch gar nicht so schlimm, oder? Schon wieder lachende Gesichter! Und Ihren Status haben Sie auch nicht verloren!

Übung 67

Überlegen Sie, wie Sie Ihre unmittelbare Arbeitsumgebung spaßiger, ja, komischer gestalten können. Indem Sie zum Beispiel den Tag der hässlichsten Krawatte ausrufen (auch für Frauen). Oder Karaoke singen oder Witze-Wettbewerbe veranstalten. Oder den hilfsbereitesten Kollegen mit einem Oscar für besonders wertschätzendes Verhalten auszeichnen. Oder in Meetings Auflockerungsübungen einbringen. Oder oder oder. Lassen Sie Ihrer Fantasie freien Lauf. Je verrückter, desto besser!

Übung 68

Sie haben jetzt wahrscheinlich schon alle möglichen und unmöglichen Interventionen erfunden. Welche davon machen auch Ihren Geschäftspartnern und Kunden Freude? Welche davon bringen Ihren Geschäftspartnern und Kunden Spaß? Erfinden Sie neue!

....
: Übung 69
:
: Entwickeln Sie einen Humor-Soll-Zustand und einen Maßnah-
: menkatalog. Beteiligen Sie sich an der Umsetzung. Kontrollieren
: Sie die Wirkung.
....

Humorschritt »Spaß und Freude als Teil der Unternehmenskultur«

Alle Menschen wollen Freude und Spaß. Auch Wirtschaftswissen-schaftler, Betriebswirte, Juristen und Ingenieure! Jeder! Sie werden sie glücklich machen. Und sich selbst auch. Die Zeit ist reif. Es geht um Freude und Spaß als Bestandteil Ihrer Unternehmenskultur.

Integrieren Sie also Humor in alle Bereiche Ihres Unternehmens. »Top-down« und »Bottom-up«. Von rechts nach links. Von quer nach schräg. Kleiner Tipp: Implementieren Sie Humor als Motiva-tionsstrategie sowohl in Abteilungen als auch in Projektgruppen. Hierarchieübergreifend! Ja, es stimmt: Das kostet Zeit. Zeit, die Sie investieren für ein Unternehmen, in dem Leistung Spaß macht und Freude bringt – Mitarbeitern und Kunden.

Apropos hierarchieübergreifend – ich habe für ein großes deutsches Unternehmen gemeinsam mit dessen Prozessmanagern ein Training entwickelt: »Motivation und Selbstmotivation mit Humor«. Ziel war es, alle Mitarbeiter für den im gesamten Unternehmen integrierten kontinuierlichen Verbesserungsprozess noch stärker zu motivieren. Mit den roten Nasen wurde in jedem Training gearbeitet. Warum? Weil sie ein Anker sind. Ein »begreifbarer« Anker für Humor.

Sie schweigen, meine Damen und Herren? Sie können es gar nicht glauben? Sich eine so umwerfende Wirkung nicht vorstellen? Die Motivation hat sich um ein Vielfaches gesteigert? Das war unser Ziel! So soll es sein. Humor kann noch viel mehr! Lesen Sie weiter und staunen Sie!

Humor macht aus Vertrieb ein Vergnügen und aus Zielgruppen Fans

Sie sehen schon an der Länge der Überschrift, dass es jetzt noch komplexer wird. Unser nächstes Thema heißt: Vertrieb und Kundenkommunikation mit Humor. Ich spare mir jeden Hinweis auf die Bedeutung des Themas. Ihre Gegenargumente, bitte:

Humor als Charaktereigenschaft einzelner Vertriebsexperten oder Berater ist durchaus gewinnbringend. Humor kann aber unmöglich als Bestandteil der Vertriebskommunikation verordnet werden. Immerhin gibt es auch Menschen, die nicht so humorvoll sind. Oder Situationen, in denen Humor nicht angebracht ist. In denen Vertriebsexperten wahrlich den Humor verlieren können.

D'accord! Schauen Sie sich meine Mitstreiter und mich an! Jetzt haben wir Sie schon so oft von der Strategie »Humor« überzeugt. Aber Sie halten immer noch dagegen! Mit immer den gleichen Argumenten! Da könnte man schon mal seinen Humor verlieren! Könnte man. Wir nicht! Wir haben rote Nasen dabei. Zum Zwecke der Selbstmotivation. Ich möchte Sie, meine Damen und Herren, auf einen kleinen Umstand aufmerksam machen: Was Sie lesen, ist ein Buch voller Einwandbehandlungen! Mit Humor!

Nein, natürlich können Sie nicht alle fünf Minuten lustig sein. Oder gar gewollt komisch: »Wie, Rabatt? Ist das nicht die Hauptstadt von Marokko?« Schließlich wollen Kunden wissen, ob Ihr Produkt für sie die beste Lösung ist. Sie wollen eine Beratung. Vor allem wollen Sie das Gefühl haben, die richtige Entscheidung getroffen zu haben, als sie bei Ihnen Kunde wurden. Kein Mensch möchte sich über den Tisch gezogen fühlen oder unfreundlich behandelt werden. Glauben Sie mir: Ich habe jahrelange Erfahrung als Kundin. Auch schlechte! In der Kundenkommunikation geht es um eine den Menschen zuge-

Erfolgreiche Kundenkommunikation ist emotional.

wandte Kommunikation. Das heißt vor allem: Auf der Beziehungs-ebene muss es funktionieren.

Sie geben viel Geld dafür aus, dass Ihre Mitarbeiter das lernen? Ja, aber Sie geben Ihr Geld nur für einen bestimmten Zweck aus: Sie funktionalisieren Ihre Zielgruppe. Die Menschen sind für Ihr Unternehmen nur als Kunden von Bedeutung. Sie sollen kaufen. Und bezahlen. Und möglichst sonst keinen Sand ins Getriebe des Unternehmens werfen – wie Beschwerden, Reklamationen, Umbuchungen, Sonderwünsche.

Kunden sehen das völlig anders. Kunden verstehen sich als Menschen. Sie fühlen sich als Subjekte. Sie mögen überhaupt nicht als Objekt behandelt werden. Als Melkkühe. Sie schauen skeptisch? Wie oft haben Sie schon über Politiker geschimpft? Behauptet, dass Sie nur als Kreuzchen auf dem Wahlzettel existierten? Dass Wahlversprechen nach der Wahl Schall und Rauch seien! Fällt Ihnen die Parallele auf?

Menschen spüren, wenn Sie benutzt werden. Ich finde den Umgang mit Kunden oft ganz grauenhaft. Respektlos. Da will jemand mein Geld und behandelt mich wie einen Bittsteller. Ich könnte Ihnen Beispiele nennen! Und das tue ich auch – zumindest eines. Das dient als negatives und positives Exempel zugleich.

Es handelt sich um eine Begegnung mit dem Servicegedanken eines der großen Kurierdienste in Deutschland. Da gibt es ja viele. Kurierdienste, meine ich. Nicht Begegnungen. Ich sollte meinen neuen Laptop bekommen. Als er geliefert wurde, war ich nicht da. Die Benachrichtigung lag ordnungsgemäß im Briefkasten. Ich rief also beim Callcenter an und machte einen neuen Liefertermin aus. Für Mittwoch. Ich habe viel zu tun und muss meine Termine gut planen. Das ist das A und O, sonst wird es hektisch. Ich bestellte daher meinen Spezialisten für alle notwendigen technischen Erneuerungen für Mittwochabend. An meinem Liefertermin ging die Sonne auf wie an jedem anderen Tag auch. Als sie wieder unterging, war der Laptop immer noch nicht da. Ich rief noch mal beim Callcenter an. Wo denn mein Laptop bliebe? Oh, ach so, ja, da hätte es einen technischen Fehler gegeben. Deswegen wären alle Lieferungen auf den nächsten Tag verschoben worden. Auf den Donnerstag. Eine Katastrophe! Am nächsten Tag würde ich nicht im Büro sein! Warum mich niemand benachrichtigt hätte? Weil das ja Tausende von Kunden beträfe. Man könne doch nicht alle anrufen. Jetzt frage ich Sie: Warum nicht? Weil es zu teuer ist? Weil Kunden gefälligst zu warten haben? Weil es außerdem Ehefrauen gibt, die den ganzen Tag zuhause sind? Ich habe keine Ehefrau. Schon gar nicht im Büro. Ich war sauer. Glauben Sie, der Herr am Telefon hätte einmal »Entschuldigung« gesagt? Oder mir irgendeine Lösung angeboten? Nö. Ich bin einer von vielen Kunden. Ich kann froh sein, wenn mein Zeug überhaupt geliefert wird. Der Donnerstag kam also. Ich bat meinen Spezialisten erneut, abends vorbeizuschauen. Nachmittags hatte ich einige Termine. Im Büro war niemand. Im Haus auch nicht. Ich schrieb einen Zettel mit vielen lieben Grüßen und der Bitte, den Laptop im Hotel gegenüber abzugeben. Ich unterrichtete die Hotelbetreiber. Und ging. Schweren Herzens. Gegen 17 Uhr kehrte ich zurück. Mit einem mulmigen Gefühl. Da überholte mich ein Kurierdienstwagen. Ich rannte hinterher, überholte ihn, warf mich davor und fragte japsend nach meinem Paket. Nee, sagt der nette Herr, da hätte er eine Info bekommen. Der Laptop würde erst morgen ausgeliefert. Ich war am Ende. Völlig verzweifelt. Ich stammelte, ob er mir irgendwie helfen könne. Natürlich glaubte ich nicht daran. Ich glaube ja auch nicht an den Weihnachtsmann. Und da geschah ein Wunder: Dieser Mann fuhr freiwillig, obwohl er schon Feierabend hatte, zum Lager zurück. Und brachte mir meinen Laptop. Einfach so. Er wollte noch nicht mal Trinkgeld! Ich hätte ihm ein Vermögen bezahlt. Ich war so dankbar. Dieser Kurierfahrer hat durch seine Privatinitiative mehr Kundenorientierung bewiesen als sein gesamtes Unternehmen. Obwohl ihm mit Sicherheit keine Vertriebsseminare zuteilwurden.

Kunden sind Menschen! Ein Unternehmen, das sich heutzutage nicht auf die Kunden, nicht auf die Menschen ausrichtet, das wird mittelfristig sehr viel Humor brauchen. Da ist es zielführender, Humor sofort einzusetzen!

Wir erinnern uns: Humor ist eine Grundhaltung. Ihr Dreh- und Angelpunkt ist Wertschätzung und Empathie! Ich wiederhole es gerne noch mal: Wertschätzung und Empathie! Beides darf man Kunden entgegenbringen – auch und besonders, wenn man etwas verkaufen will. Echtes Mitgefühl schließt Erfolg nicht aus.

Echtes Mitgefühl schließt Erfolg nicht aus.

Ich zum Beispiel versende ab und zu einfach mal rote Nasen. Mit einem schönen Gruß auf der Visitenkarte – ohne weitere Information. Ein Bekannter von mir, der Werbefilme für Unternehmen herstellt, verschickte an potenzielle Kunden Honigtöpfchen mit der Frage: »Möchten Sie Ihren Kunden mal ordentlich Honig ums Maul schmieren?«

Ich sehe ja ein, dass es wirklich schwierig ist, einen Rasenmäher zu versenden, aber was ist mit einer schönen Karte, auf der steht: »Wächst Ihnen schon das Gras über den Kopf?«

Auch wenn Sie zum Beispiel zum dritten Mal einen potenziellen Kunden kontaktieren, der sich bisher freiwillig eher nicht bei Ihnen meldet, sollten Sie humorvoll kommunizieren. Beziehen Sie sich genau auf diesen Tatbestand und sagen Sie: »Guten Tag, Herr Schwarz, es ist ja nun nicht so, dass wir aufdringlich sind. Ganz im Gegenteil: Wir sind eher bescheiden. Und halten rein gar nichts von permanenten Werbeaktionen. Eigentlich. Aber heute müssen wir Sie einfach von unserem besonderen Weinangebot informieren. Wir würden es uns sonst nie verzeihen. Und Sie uns auch nicht.«

Wenn Sie, meine Damen und Herren Geschäftsführer, den Menschen mit seinen Bedürfnissen in den Mittelpunkt Ihres Unternehmens stellen, haben Sie einen Kundenorientierungsquantensprung vollbracht! Das Lächeln kommt da ganz automatisch. Bei Ihnen und den Kunden! Spüren Sie den Geist des Humors in Ihrer Kundenkommunikation? Er weht, der Geist. Er spukt nicht. Damit er auch in Zukunft nicht mit den Skeletten Ihrer unglücklichen Kunden klappert, setzen Sie auf Kundenkommunikation und Vertrieb mit Humor. Kunden kaufen lieber lächelnd.

Aber Handwerkszeug ist wichtig? Na klar, Handwerkszeug ist wichtig! Deswegen sind Vertriebsseminare, Telefontrainings, Schulungen für das Reklamationsverhalten und Beschwerdemanagement auch notwendig. Wenn sie mit echten Kommunikationsfähigkeiten zu tun haben! Vielen Mitarbeitern hört man allerdings die Vertriebs- bzw. Kommunikationsstrategie an, die sie erlernt haben. Da kommt kein Satz mehr spontan. Echte Kommunikation ist überhaupt nicht vorgesehen! Da könnte ja sonst was passieren! Ja, was denn? Ein echtes Gespräch? Die Angst des Kundenberaters vor dem Kunden verhindert jegliche Kundenkommunikation. Das können Sie doch nicht wollen, meine Damen und Herren! Nein, wollen Sie auch nicht? Sie wollen Vertriebsexperten, die einem Eskimo, Entschuldigung: Inuit, einen Kühlschrank verkaufen? Dann schlagen Sie dieses Buch jetzt sofort zu und verschenken Sie es. An Ihre Konkurrenz!

In vielen Büchern und Trainings zum Thema Vertrieb wird der Kunde tatsächlich als Feind Nr. 1 dargestellt. Er muss manipuliert, ausgetrickst und besiegt werden! Mit allen Mitteln. Siegen heißt verkaufen. Der Besiegte ist der Kunde. Wer die meisten Verlierer um sich sammelt, hat gewonnen. Wir kennen alle den Mythos, dass man das »richtige« Geld nur mit Tricks »machen« kann?

Sie glauben doch nicht ernsthaft, dass eine solche Haltung langfristig Erfolg bringt. Sie kennen Menschen, die mit einer solchen Haltung Millionen gemacht haben? Ja, die kenne ich auch. Finden Sie, dass diese Menschen sich wirklich als Vorbild für Ihr Unternehmen eignen? Entspricht deren Verhalten Ihren Unternehmenswerten? Ist Ihnen schon mal aufgefallen, dass solche Menschen kein Fünkchen Humor besitzen? Wie auch?

Ich kenne genügend Menschen, die den Wert der humorvollen Kundenkommunikation schon lange erkannt haben. Ihre Arbeit macht ihnen Vergnügen, sie sind überzeugt von ihren Leistungen und die Kunden auch. Sie sind erfolgreich. Humor schafft Wachstum.

Noch einmal: Vertrieb und Kundenkommunikation mit Humor heißt wertschätzende Kommunikation. Dazu gehört emotionale Intelligenz, Sensibilität für die Bedürfnisse anderer, Aufbau von Vertrauen, die Begegnung auf der Beziehungsebene und emotionale Sprache. Die emotionale Sprache ist eine starke Sprache. Der Bauch kauft mit. Immer! Und wenn der Bauch lacht, kauft er noch viel lieber. Mit der Entwicklung des Humorpotenzials errei-chen Sie neue Dimensionen: Humorvolle Kundenkommunikation macht Menschen glücklich. Sie schütten nämlich, während Sie mit dem Kundenberater kommunizie-

Humorvolle Kunden-kommunikation macht Menschen glücklich.

ren, Glückshormone aus – beim Lächeln, Schmunzeln oder Lachen. So einfach ist das. Menschen, die mit jemandem glücklich sind, blei-ben normalerweise auch bei dem, der sie glücklich macht. Das ge-bietet die Logik. Humorvoller Vertrieb ist wie ein guter Flirt. Man weiß, dass daraus etwas Ernsthaftes werden kann. Für beide Seiten! Vielleicht sogar auf Dauer!

Wollen Sie immer noch wissen, wie man einem Inuit einen Kühl-schrank verkauft? Nein? Dann ist es ja gut!

Humor belebt Kreativität und Innovationsprozesse

Unternehmen müssen die Fähigkeit besitzen, auf Herausforderun-gen und Probleme innovativ und kreativ zu reagieren. Sonst sind sie angesichts der Herausforderungen bald vom Markt verschwunden. Da sind wir uns einig? Sie haben trotzdem Gegenargumente? Bitte!

Kreativität in Unternehmen hat nichts mit Humor zu tun. Kreatives Handeln und Innovationen benötigen handfeste Ziele, Strukturen, Kontrolle. Humor ist sicherlich in diesem Zusammenhang positiv für das Innovationsklima, Spaß muss ein, aber das ist dann auch schon alles.

Meine Damen und Herren, das waren Ihre Statements? Dann dürfen wir jetzt mit unserer Argumentation beginnen: Innovationen werden in unterschiedlichen Bereichen benötigt. Zum Beispiel in der internen und externen Unternehmenskommunikation, bei der Erfindung ökonomischer, technischer oder wissenschaftlicher Abläufe und Verfahren, bei der Entwicklung neuer Produkte und Dienstleistungen, bei der Schaffung materieller Voraussetzungen, bei Vermarktung und Vertrieb, Führungs- und Steuerungsprozessen, Personalgewinnung, Weiterbildung, Logistik, bei Veränderungsprozessen aller Art. Natürlich unterliegen sie Unternehmenszielen, Strukturen, Kontrollen. Wie der Humor. Denn der Richtwert von Humor ist die Realität. Die Wirklichkeit, die es zu verändern gilt. Das ist das Ziel. Daraus ergeben sich für Humoraktionen Struktur und Ergebniskontrolle.

So weit die Ähnlichkeiten zwischen Kreativität und Humor. Allerdings haben Sie recht, meine Damen und Herren, humorvolle Kreativität ist tatsächlich anders als reine Kreativität! Obwohl beide eng miteinander verwoben sind. Das liegt vor allem an den Menschen, die humorvoll agieren. Sie erweitern Kreativität um die menschliche Dimension:

Humorvolle Menschen sind per se kreativ. Die kreativen Ausrichtungen unterscheiden sich natürlich. Die grundlegende Voraussetzung für Kreativität aber ist bei allen ähnlich: Humorvolle Menschen besitzen eine positive Grundeinstellung zum Leben. Ein Problem betrachten sie oft als Herausforderung. Dabei können sie es aus verschiedenen Perspektiven begutachten. Was übrigens auch Spaß macht. Beides dient der Bereitschaft, innovative Ansätze für Problemlösungen zu entwickeln. Helfen kann Ihnen dabei die Walt-Disney-Methode.

Übung 70

Sie haben eine Idee, eine Problemstellung, vielleicht sogar einen Lösungsansatz. Sie möchten das weiterentwickeln und nehmen dazu verschiedene Positionen ein. Vorab bauen Sie vier Stühle auf, denen Sie Rollen zuschreiben. Der erste Stuhl heißt »Träumer«.

Wer auf ihm sitzt, ist der Ideenlieferant, der Visionär. Der zweite Stuhl gehört dem »Realisten«. Dort sitzt der Macher. Der dritte Stuhl ist für den »Kritiker« reserviert. Er darf in allen Vorschlägen ein Haar bzw. ganze Haarbüschel in der Suppe finden. Der vierte Stuhl gehört dem »Neutralen«. Er ist der Beobachter. Nun bitten Sie vier Personen, auf diesen Stühlen Platz zu nehmen. Der Neutrale beschreibt das Problem. Die anderen verhalten sich ihrer Rolle entsprechend. Bei Bedarf kann man auch die Stühle wechseln. Ziel ist es, eine Idee zu einer tragfähigen Lösung weiterzuentwickeln. Das nenne ich kreatives Teamwork. Viel Spaß dabei!

Wenn humorvolle Menschen keine Möglichkeit erhalten, kreativ und innovativ zusammenzuarbeiten, werden sie es auch nicht tun. In einer Unternehmenskultur, in der Angst vor Veränderung und starre Hierarchien herrschen, vergeht humorvollen, kreativen Menschen die Lust an der eigenen Kreativität. Denn Innovationen zu erfinden, hat mit Lust zu tun – mit Lust und Freude am Erfolg. Sie sollten also eine wertschätzende, fehlertolerante Unternehmenskultur schaffen, wenn Sie kreative und humorvolle Mitarbeiter gewinnen wollen. Dieses Klima wird sich sofort weiter ausbreiten. Humorvolle Mitarbeiter kreieren während ihres Innovationsprozesses automatisch eine positive Atmosphäre. Sie können gut mit ihren Gefühlen und denen der anderen umgehen. Und schaffen deshalb für sich und andere ein angenehmes Beziehungs- und Arbeitsambiente. Das fördert den Erfindergeist.

Humorvolle Menschen besitzen eine hohe Wahrnehmungsfähigkeit. Sie erkennen oft Zusammenhänge und Herausforderungen, die andere nicht sehen. Sie besitzen ein Problembewusstsein, das andere für übertrieben halten. Sie entwickeln Lösungen und Visionen, die andere als Fantastereien bezeichnen. Stellt sich Ihnen noch die Frage, ob Sie einen Farbfernseher brauchen? Oder ein Mobiltelefon? Kabelfernsehen, Satellit? Ich stamme aus der Zeit der Wählscheibentelefone und des Schwarz-Weiß-Fernsehers. Zwei Programme! ARD und ZDF. Mein Großvater, ein glühender Verehrer von Kaiser Wilhelm, war mit einer Kaffeemaschine völlig überfordert. Irgendjemand sah das alles und noch viel mehr voraus und erfand es. Und hat sich bei der Lösungsentwicklung wahrscheinlich köstlich amüsiert. Übrigens sind die meisten Erfindungen Weiterentwicklungen von Dingen, die schon existierten. Offensichtlich hatte Robert Adler eines Tages keine Lust mehr aufzustehen, wenn er ein anderes Fernsehprogramm sehen wollte. Er entwickelte die Fernbedienung. Wahrscheinlich aus reiner Faulheit.

Der humorvolle Mensch ist neugierig, unabhängig und bricht gerne mal mit Traditionen und Tabus. Darauf beruht Humor. Der Wikipedia-Erfinder Jimmy Wales und der Erfinder des Wackeldackels müssen ähnlich veranlagt gewesen sein. Humorvolle Menschen lieben die Veränderung. Und die Verbesserung. Deswegen verändern und verbessern sie so gerne. Sie finden sich eher selten ab. Sie suchen nach Lösungen.

Ich kenne viele Menschen, die Navigationssysteme im Auto für eine ganz hervorragende Lösung halten. Ich kenne auch Menschen, die die Relativitätstheorie von Albert Einstein für einen Quantensprung in der Erforschung des Universums halten. Zugegebenermaßen nicht viele. Den meisten ist die Relativitätstheorie ziemlich egal. Einstein war es das nicht. Der übrigens ein äußerst humorvoller Mensch gewesen sein soll. Wie man an folgendem Ausspruch erkennen kann: »Zwei Dinge sind unendlich, das Universum und die menschliche Dummheit, aber bei dem Universum bin ich mir noch nicht ganz sicher.«

Der humorvolle Mensch ist auf Synergieeffekte aus. Sein Denken, sein Handeln, ja, das Verständnis seines Schaffens und Wirkens besteht darin, fremde Welten zueinanderzuführen und daraus überraschende Lösungen zu generieren. So ist die Bionik entstanden – eine Wissenschaft, mit der man technische Aufgaben lösen kann, indem man sich die Erkenntnisse der Biologie zunutze macht. Man definiert ein Problem und sucht dann nach Analogien in der Natur. So sind zum Beispiel der Fallschirm oder der Klettverschluss erfunden worden. Oder Echolot und Sonar – von Fledermäusen und Delfinen abgeschaut. Jeder Tintenfisch, der etwas auf sich hält und vorwärtskommen will, setzt auf das Rückstoßprinzip. Wie Strahltriebwerke. Und jede Termite kennt sich mit Lüftungssystemen aus.

Auch die kreative Problemlösungsstrategie Synektik bringt mittels Analogien fremde Welten zueinander. Sollten Sie Leitsätze, Ziele oder Visionen für Ihr Unternehmen entwickeln wollen, wenden Sie doch einmal die folgende Methode an.

Übung 71

Auf ein Flipchart zeichnen Sie zwei Spalten. Links schreiben Sie den Namen Ihres Unternehmens und rechts ein Tier Ihrer Wahl. Also zum Beispiel:

Kalle Wirsch Management Systems   **Eichhörnchen**

Unter »Eichhörnchen« schreiben Sie nun alles, was Ihnen an Eigenschaften zu diesem Tier einfällt: schnell, buschiger Schwanz, niedlich, Vorratsplanung und so weiter. Nun überlegen Sie, was diese Eigenschaften auf Ihr Unternehmen übertragen bedeuten können. Und die schreiben Sie links unter den Unternehmensnamen, sodass es dann etwa so aussieht:

Kalle Wirsch Management Systems   **Eichhörnchen**

flexibel	schnell
dominanter Marktauftritt	buschiger Schwanz
hohe Reputation	niedlich
gute Logistik	Vorratsplanung

Aus diesen Analogien können Sie, je nachdem, was Sie möchten, Leitsätze, Ziele oder Visionen erfinden.

Es gibt natürlich eine Vielzahl von Kreativitätstechniken, die unterschiedliche Zwecke erfüllen. Ich erkläre Ihnen gerne mal in einer ruhigen Stunde, was man mit ihnen alles entwickeln kann. Und was zu Ihren Bedürfnissen passt.

Meine Damen und Herren Geschäftsführer, Sie erinnern sich: Das Innovationspotenzial von Humor beinhaltet die menschliche Dimension. Die menschliche Dimension schließt soziale und ethische Werte mit ein. Und diese Konzentration auf den Menschen im Mittelpunkt hat schon immer die besten Innovationen hervorgebracht. Denn ihr Ziel ist die Verbesserung menschlichen Lebens. Das ist auch das Ziel des Humors.

Übung 72

Schlagen Sie Ihren Führungskräften vor, gemeinsam mit ihren Mitarbeitern Dinge, Situationen, Verhaltensweisen in Ihrem Unternehmen zu finden, die zum Lachen reizen. Aus welchen Gründen auch immer. Sei es, weil die Situation lustig ist oder zu Ironie Anlass gibt. Es kann praktisch alles sein, zum Beispiel die Raucherregelung in Ihrem Unternehmen oder die Pilzpfanne in der Kantine, ihr eigenes Verhalten, der Umgang mit neuen Mitarbeitern, die Pförtnerloge, ihr Reklamationsverhalten, irgendwelche Prozesse. Betrachten Sie diese Situationen unter dem Blickwinkel des Optimierungspotenzials. Suchen Sie nach Lösungen. Führen Sie diese Humor- und Lach-Meetings im ganzen Unternehmen ein. Und schon haben Sie den kontinuierlichen Verbesserungsprozess mit Humor!

Das halten Sie für eine ausgezeichnete Idee? Ob wir noch mehr solcher Ideen auf Lager hätten? Selbstverständlich. Es geht sofort weiter.

Humor vertieft interkulturelle Beziehungen

Meine Damen und Herren Geschäftsführer, Sie haben die Überschrift gelesen: Es geht um die Kommunikation mit internationalen Geschäftspartnern und Mitarbeitern mit unterschiedlichem kulturellen Hintergrund in Ihrem Unternehmen. Der Umgang mit Letzteren ist als »Management-Diversity« bekannt. Dazu zählt auch der Umgang mit Frauen. Ehrlich! Das ist kein Witz. Weil Frauen eben eine Minderheit darstellen. Zumindest beim Straßenbau. Oder bei der Müllabfuhr. Oder in den Vorständen. Aufsichtsräten. Führungsetagen. Und weil Frauen einen anderen kulturellen Background haben als Männer. Das kann man wohl sagen: Frauen und Männer sind unterschiedlich. Sie leben – was die Wirtschaft, die Macht, den Zugang zu Ressourcen betrifft – in zwei verschiedenen Welten. Die einander nun befruchten sollen. (Die Welten!) Zum Wohle aller. Synergetisch natürlich. Nein, ich habe das nicht erfunden. Nein, das ist auch keine feministische Ideologie. Das ist Realität.

Frauen sind anders. Männer auch.

Meine ersten Sätze zu diesem Kapitel beweisen es schon, meine Damen und Herren, Humor als Strategie wirkt in internationalen oder interkulturellen Beziehungen entkrampfend, konfliktlösend, verbindend und integrativ. Was auch dringend notwendig ist. Denn die Geschichte der interkulturellen Beziehungen ist eine Geschichte voller Missverständnisse …

Aber nun erst einmal wie gehabt Ihre Gegenargumente, bitte! Halloooooo! Sind Sie noch da? Ah ja, wir hören:

Wir sind überzeugt. Wir sind sicher, dass die Humorstrategie in globalen Geschäftsbeziehungen und im Management-Diversity sehr positiv wirkt. Und damit für das Unternehmen ökonomischen Nutzen bringt.

Äh, sehr erfreulich. Toll. Aber was ist los? Haben Sie Kreide gefressen? Möchten Sie trotzdem etwas mehr von der Humorstrategie in interkulturellen Beziehungen erfahren? Selbstverständlich? Dann lassen Sie uns loslegen.

Humor als Wert und Bestandteil der Unternehmenskultur vertieft die Kommunikation mit Menschen anderer Kulturen. Dadurch wird sie, Sie ahnen es schon, wertschätzend. Sie erreicht durch ein größeres Verständnis eine bessere Zusammenarbeit und Synergieeffekte. »Interkulturelle Kompetenz« ist deshalb eine erwünschte Fähigkeit. Man kann sie durch interkulturelle Berater erlernen. (Oder man lebt mal rasch im Ausland.)

Unter »interkultureller Kompetenz« versteht man die Fähigkeit, mit Menschen anderer Kulturen konstruktiv umzugehen. Wir alle wissen zur Genüge, dass das nicht so einfach ist. Schauen wir uns in Deutschland um. Die Integrationsdebatte ist immer noch in vollem Gange. Wobei wir beim Thema Integration ausschließlich an Menschen muslimischen Glaubens denken. Warum das so ist? Weil Muslime aufgrund ihres kulturellen Hintergrunds in mancher Hinsicht anders sind als wir? Weil ihre Konzepte der Wahrnehmung, des Denkens, Fühlens und Handelns sich von unseren unterscheiden? Klar, da kann es schon mal zu Missverständnis und Streit kommen. Unterschiede lösen Angst aus. Vor allem, wenn sie das Werteverständnis berühren.

Das Konzept der Wahrnehmung, des Denkens, Fühlens und Handelns von in Deutschland lebenden Amerikanern gilt dagegen als nicht bedrohlich. Obwohl ich da meine Zweifel habe. Auch das Werteverständnis der japanischen Gemeinde in Düsseldorf können wir ohne Probleme akzeptieren. Warum? Weil wir es besser verstehen? Die Konzeption des Buddhismus und die künstlerische Ästhetik der Bonsai-Züchtungen? Glaub ich nicht.

Warum also empfinden wir die muslimischen Kulturen als so sehr anders und manchmal bedrohlich, die japanische aber nicht? Weil die meisten Japaner gut ausgebildet sind und gute Jobs haben. Und es sind nicht so viele. Sie »liegen« uns also gefühlsmäßig nicht »auf der Tasche« und sie verändern vor allem nicht unsere Kultur.

Darum geht es also: um Kultur, Bildung, Chancen auf dem Arbeitsmarkt, Geld. Und um Geld geht es auch in Unternehmen. Um Geld durch internationale Geschäfte. In und mit fremden Kulturen. Um Geld, das das Unternehmen mit guten Mitarbeitern und Kunden verdient. Möglichst ohne betriebswirtschaftliche Reibungsverluste durch Missverständnisse und Diskriminierungen.

Damit das alles funktioniert, brauchen wir also Wissen über die jeweilige Kultur, mit der wir konfrontiert sind. Wie tickt ein Chinese, ein Kroate, ein Türke, eine Frau? Wie um Gottes willen eine chinesische Frau? Wie ein türkischer Homosexueller? Da kann es schnell mal komisch werden. Unfreiwillig.

Bestandteil der interkulturellen Kompetenz ist die emotionale Intelligenz, Flexibilität, das Verständnis für andere Denkmuster, Selbstvertrauen und die Fähigkeit, den eigenen Standpunkt respektvoll zu vermitteln. Und? Oh, ich sehe, meine Damen und Herren Geschäftsführer, Sie kennen sich aus. Auch ein humorvoller Mensch besitzt diese Fähigkeiten. Genau! Aber haben Sie schon einmal im Zusammenhang mit »interkultureller Intelligenz« etwas von Humor gehört? Ich nicht. (Außer in Humorbüchern, versteht sich.) Ich habe den Eindruck, dass interkulturelle Berater den Humor fürchten wie der Teufel das Weihwasser. Entschuldigung, der Muslim den Alkohol.

Denn im interkulturellen Umgang gilt Humor als gefährlich. Man befürchtet, durch Humor die politische Korrektheit zu gefährden. Aber zur kulturellen Kompetenz und zum Humor gehören natürlich Intelligenz und Wissen. Und Humor bedeutet nicht, diskriminierende Witze über die jeweilige Ethnie zu reißen.

Dennoch ist Humor nicht immer politisch korrekt. Wenn man über Unterschiede nicht wohlwollend lachen darf, dann weiß

Humor ist nicht immer politisch korrekt.

ich auch nicht weiter. Genau darum geht es ja: Gemeinsames wertschätzendes Lachen über Trennendes verbindet und hebt die Trennung auf! Und das beweisen wir Ihnen gleich einmal mit einem Witz über männlich geprägte Unternehmenskultur:

Ein Geschäftsführer lädt seine erste Führungsriege zum Outdoor-Training ein. Thema: Kreativität und Problemlösung. Die Manager erhalten folgende Aufgabe: Sie sollen die Höhe einer auf einem Feld befindlichen Fahnenstange messen. Dazu erhalten sie Hilfsmittel: ein Messband, einen Stuhl, einen Tisch und eine Leiter. Der erste Manager klettert mit dem Maßband auf die Leiter. Und muss aufgeben. Er reicht nicht an das Ende der Fahnenstange heran. Der zweite stellt die Leiter auf den Stuhl. Aber auch er kommt nicht an die Fahnenstangenspitze heran. Der dritte stellt nun den Stuhl auf den Tisch und auf den Stuhl die Leiter. Wieder vergebens. Am Rande des Feldes steht kopfschüttelnd eine Frau. Als die Manager nicht mehr weiterwissen, geht sie zu der Fahnenstange, zieht sie heraus, legt sie auf die Erde und misst mit dem Maßband ihre Länge. Sagt ein Manager zum anderen: »Typisch! Kein Wunder, dass es so wenige Frauen in die Führungsriegen schaffen. Wir sollten die Höhe messen! Nicht die Länge!«

Wie oft habe ich schon gemeinsam mit männlichen Managern über diesen Witz gelacht!

Humor in kulturellen Beziehungen bedeutet, Fehler im Verhalten und in der Kommunikation mit Toleranz zu betrachten. Bei sich und bei anderen. Eine solche wertschätzende, humorvolle, fehlertolerante Einstellung kann der interkulturellen Kommunikation nur dienlich sein. Zum Beispiel, wenn Sie knietief im Fettnapf stehen. Versuchen Sie nicht krampfhaft Ihre Fehler zu vertuschen! Das klappt in den seltensten Fällen. Entschuldigen Sie sich lieber. Mit vielen tiefen Verbeugungen. Weil Sie nicht wussten, dass das Unkraut, auf das Sie gerade Ihren Laptop abstellten, ein 2000 Jahre alter Bonsai-Kirschbaum war. Seit Generationen im Besitz der Familie Ihres japanischen Geschäftspartners.

Auch im schönen Österreich kann man sich vor interkulturellen Fehlern nicht schützen. Da reicht es schon, hochdeutsch zu sprechen, um sich unbeliebt zu machen. Gehen Sie einmal in ein Kaffeehaus in Wien und bestellen Sie »einen Kaffee, bitte«. Sie werden sofort feststellen können, wie ein Österreicher aussieht, wenn er »Piefke« denkt. Jede Form von Selbstironie ist in diesem Falle sehr hilfreich. Sagen Sie einfach, Sie liebten die Kaffeehaustradition in Wien über alle Maßen. Das fantastische Angebot würde Ihnen völlig die Sinne vernebeln. Nur deswegen hätten Sie nur noch »Kaffee« stammeln können. Welcher Kaffee sei denn empfehlenswert? Jeder Wiener, der etwas auf sich hält, wird Ihnen nun alle existierenden Kreationen aufzählen. Und so ist das Gleichgewicht in der Kommunikation wieder hergestellt.

Wenn einer eine Reise tut, dann kann er was erzählen. Manchmal hat er auch etwas gelernt. Mittendrin und hinterher! Dazu muss man allerdings gar nicht so weit reisen. Etwas über andere Kulturen lernen, das kann man auch im eigenen Unternehmen. Eben über die Unterschiede der Kulturen im eigenen Haus. Oft verhindert ja nur die Unsicherheit, die als Voreingenommenheit daherkommt, den Kontakt mit Menschen anderer Kulturen. Und Humor lässt Menschen sogar über die eigene Voreingenommenheit lachen!

Setzen Sie also die Humorstrategie in interkulturelle Interventionen um. Zum Beispiel in Form eines Abteilungsevents mit türkischem, kroatischem, japanischem oder, sehr lustig, männlichem oder weiblichem Fokus. Oder gestalten Sie Filmeabende über die kulturell unterschiedlichen Problemlösungsstrategien. Welche Begrüßungsrituale gibt es in Japan, Thailand, Belgien und Castrop-Rauxel? Wer hält in Marrakesch wem die Tür auf? Daraus kann man natürlich auch ein Quiz machen. Vielleicht können alle noch etwas lernen. Sollten einige von Ihnen beruflich nach Gambia fliegen: Ein Länder- und Sitten-Meeting mit Informationen über Gambia und seine kulinarischen Spezialitäten ist da äußerst informativ. Sie können ja auch vorschlagen, dass jeder in der Landestracht erscheint.

Jede humorvolle Information bleibt durch den emotionalen Aspekt im Gedächtnis und nimmt die Scheu vor dem Fremden! Meine Damen und Herren Geschäftsführer? Bitte? Ob Sie dazu eine Übung durchführen könnten? Was möchten Sie denn üben? Aha! Verstehe! Also gut!

Humor verändert Unternehmen

Meine Damen und Herren Geschäftsführer, liebe Humormitstreiter, wir sind am Ende angelangt. Zumindest am Ende dieses Buches. Sie haben Humor integriert, persönlich und in Ihrem Unternehmen. Gratulation! Das nenne ich einen gelungenen Veränderungsprozess.

Leben besteht aus Veränderungen. Eine Binsenweisheit. Deswegen ist sie nicht falsch. Im Gegenteil: Die meisten Binsen sind von schlichter Wahrheit.

Unternehmen sind lebendige Organismen. Sie verändern sich. So wie unser Organismus: Sie werden geboren, sie kommen ans Laufen, pubertieren und wachsen. Sie verändern sich. (Manche sterben auch. Das ist der Lauf der Dinge.)

Mit Beginn der Globalisierung und bedingt durch die Möglichkeiten der modernen Technik folgen nun die Veränderungsprozesse immer schneller aufeinander. Dahinter steht die Notwendigkeit, auf Zeit- und Kostendruck und den Wettbewerb zu reagieren. Die Führungsebene muss Veränderungen strategisch aufgreifen und das Unternehmen danach ausrichten. Strukturen und Prozesse werden entwickelt, um Veränderungen beherrschbar zu machen. Und sie werden deshalb mit Begriffen belegt, zum Beispiel Change-Management, Business-Reengineering, Transition-Management, Organisationsentwicklung.

Aber Begriffe allein nützen nicht viel. Wenn nicht der Geist, der Spirit der Veränderung bei allen Mitarbeitern auch emotional ankommt. Oder einfacher: Wenn nicht die Vorteile einer Veränderung, die Chancen als solche begriffen und von allen mitgetragen werden. Um dies zu erreichen, braucht es Wertschätzung und Motivation. Menschenkenntnis. Basiswissen für jede gelungene Unternehmensführung!

So und nur so können sich Selbstverantwortung, Eigenständigkeit, Engagement, unternehmerisches Denken und Freude an der Leistung entwickeln. Spaß an gemeinsamen Erfolgen, Identifikation mit dem Unternehmen und auch das Durchhaltevermögen in Krisen.

Nennen Sie es ruhig ein neues Menschenbild! Ein neues Menschenbild wird dringend in der Wirtschaft benötigt. Denn Wirtschaft bestimmt das Leben auf unserem Globus. Während ich dies schreibe, ist die Atomkatastrophe in Japan schon geschehen. Die Auswirkungen auf die Energiewirtschaft werden spürbar. Die Aufbrüche in der arabischen Welt werden die Wirtschaft massiv verändern. Portugal hat sich gerade unter den Rettungsschirm der EU begeben. Die USA leidet nach wie vor unter der Finanzkrise. Und nicht nur sie. Wir werden die Auswirkungen spüren.

Wenn Sie dieses Buch lesen, werden neue, andere Veränderungen unser Leben bestimmen. Wieder werden alle davon betroffen sein. Deshalb ist in einer globalen Welt die Rückbesinnung auf Werte in der Wirtschaft von entscheidender Bedeutung. Unser Handeln bleibt nicht ohne Folgen.

Die Wirtschaft setzt Impulse, verändert die Welt. Das bedeutet auch Verantwortung. Unternehmen haben langfristig nur dann Erfolg, wenn sie mit und für die Menschen arbeiten.

Dazu gehört Humor. Wer mit Menschen arbeitet, braucht Humor. Das ist kein Kalauer. Und schon gar kein Zynismus. Man braucht einen Humor, dessen vornehmliche Grundlagen **Wer mit Menschen arbeitet, braucht Humor.** Wertschätzung, Fehlertoleranz, Menschenkenntnis, Geduld, Freude, Leistungs- und Veränderungswillen sind.

Das ist zu weich? Darüber lachen sich die Manager großer Konzerne kaputt? Nein, liebe Mitstreiter: Das ist hart! Und kluge Manager wissen das. Ein wertschätzendes Menschenbild ist langfristig für den Erfolg eines Unternehmens ausschlaggebend. Ein solches Menschenbild zur Grundlage von Geschäftsbeziehungen zu machen, dazu gehört Umdenken und Mut! Mut zur Veränderung. Humor fördert Mut!

Erfolge muss man feiern – um sich daran zu erinnern, was man erreicht hat. Gemeinsam. Denn niemand erreicht etwas allein. Wir haben alle gemeinsam unsere Humorpotenziale entwickelt. Ich beim Schreiben. Und Sie persönlich, beruflich und im Unternehmen. Deswegen haben wir uns alle eine schicke Humorfeier verdient. Bevor wir uns aber gleich ans Feiern begeben, möchte ich die Übungen dieses dritten Kapitels noch einmal in Erinnerung rufen:

Übung 60, Kapitel »Humor kultiviert die Unternehmens-kommunikation, S. 187
Welche Probleme und Herausforderungen gibt es in Ihrem Unternehmen? Überlegen Sie sich, wie man diese Probleme humorvoll kommunizieren kann. Entwickeln Sie einen Maßnahmenplan. Und: Setzen Sie ihn um!

Übung 61, Kapitel »Humor ist Motivation mit Vision«, S. 189
Lesen Sie noch mal das Kapitel »Humor motiviert Sie und Ihre Kollegen«.

Übung 62, Kapitel »Humor ist Motivation mit Vision«, S. 192
Bitte analysieren Sie, mit wem Sie während Ihrer Arbeit direkt zu tun haben: Mitarbeiter, Kollegen, Pförtner.

Übung 63, Kapitel »Humor ist Motivation mit Vision«, S. 192
Analysieren Sie nun den Ist-Zustand: Wie kommunizieren Sie? Wie wirken Sie auf die besagten Zielgruppen? Macht es den Menschen Spaß und Freude, mit Ihnen zu arbeiten? Wie sieht es bei Ihnen mit Kontrolle und Fehlertoleranz aus?

Übung 64, Kapitel »Humor ist Motivation mit Vision«, S. 193
Überlegen Sie, wie Sie den Menschen in Ihrem Arbeitsumfeld Freude machen können.

Übung 65, Kapitel »Humor ist Motivation mit Vision«, S. 193
Setzen Sie sich mit Ihrer Führungsriege in einen Kreis, und jeder sagt seinem rechten Nachbarn, was ihm heute an ihm / ihr besonders gut gefällt. Loben Sie Ihre Mitarbeiter und Kollegen. Auch und besonders für Kleinigkeiten.

Übung 66, Kapitel »Humor ist Motivation mit Vision«, S. 194
Wie können Sie Spaß in Ihren Arbeitsalltag integrieren? Das probieren Sie erst einmal im Selbstversuch aus: Jeder in Ihrem Führungskreis soll versuchen, die anderen Manager-Kollegen ohne Worte zum Lachen zu bringen.

Übung 67, Kapitel »Humor ist Motivation mit Vision«, S. 194
Überlegen Sie, wie Sie Ihre unmittelbare Arbeitsumgebung spaßiger, ja komischer gestalten können. Lassen Sie Ihrer Fantasie freien Lauf. Je verrückter, desto besser.

Übung 68, Kapitel »Humor ist Motivation mit Vision«, S. 194
Welche Ihrer Interventionen machen auch Ihren Geschäftspartnern und Kunden Freude? Welche davon bringen Ihren Geschäftspartnern und Kunden Spaß? Erfinden Sie neue!

Übung 69, Kapitel »Humor ist Motivation mit Vision«, S. 195
Entwickeln Sie einen Humor-Soll-Zustand und einen Maßnahmen-katalog. Beteiligen Sie sich an der Umsetzung. Kontrollieren Sie die Wirkung.

Übung 70, Kapitel »Humor belebt Kreativität und Innovations-prozesse«, S. 202
»Die Walt-Disney-Methode.«

Übung 71, Kapitel »Humor belebt Kreativität und Innovations-prozesse«, S. 205
Auf ein Flipchart zeichnen Sie zwei Spalten. Links schreiben Sie den Namen Ihres Unternehmens und rechts ein Tier Ihrer Wahl. Unter den Tiernamen schreiben Sie nun alles, was Ihnen an Eigenschaften zu diesem Tier einfällt. Überlegen Sie, was diese Eigenschaften auf Ihr Unternehmen übertragen bedeuten können, und schreiben Sie die links unter den Unternehmensnamen. Aus diesen Analogien können Sie Leitsätze, Ziele oder Visionen erfinden.

Übung 72, Kapitel »Humor belebt Kreativität und Innovations-prozesse«, S. 206
Finden Sie mit Ihren Mitarbeitern Dinge, Situationen, Verhaltensweisen in Ihrem Unternehmen, die zum Lachen reizen. Betrachten Sie diese Situationen unter dem Blickwinkel des Optimierungspotenzials. Suchen Sie nach Lösungen. Führen Sie diese Humor- und Lach-Meetings im ganzen Unternehmen ein.

Übung 73, Kapitel »Humor vertieft interkulturelle Beziehungen«, S. 212
Bitte sammeln Sie in Ihrem Unternehmen Ideen für humorvolle Interventionen, die das Verständnis diverser Kulturen untereinander in Ihrem Unternehmen unterstützen.

Alle Achtung! In Ihrem Unternehmen muss es nur so brummen – vor Motivation, Innovation, Leistungsbereitschaft und Umsätzen.

Humor schafft Wachstum. Persönliches und ökonomisches! So einfach ist das!

Jetzt geht die Feier los! Aber Sie, meine Damen und Herren Geschäftsführer, müssen noch Ihr Versprechen einlösen! Erinnern Sie sich noch? Sie können es auf Seite 180 nachlesen. Es lautet: Sollten wir Sie von der Relevanz und dem Erfolg der Humorstrategie überzeugt haben, werden Sie sich hier mit roter Nase abbilden lassen.

Ah, Sie setzen schon Ihre roten Nasen auf. Bitte in Position stellen! Und laut »Erfolg lacht!« rufen, bitte!

Sehen Sie, es geht ganz einfach! Und nun feiern Sie schön! Ich komme gerne vorbei!

Erfolg lacht!

Humor verändert meine Welt

Geschafft! Mein Erstlingswerk ist fertig! Es hat vom allerersten Gedanken bis jetzt neun Monate gedauert. Ehrlich!

Natürlich habe ich nicht ununterbrochen geschrieben. Ich habe ja noch einen Beruf. Oder genauer: eine Berufung. Ich trage das Thema Humor mit allen seinen Facetten in Unternehmen. Ich halte Vorträge, gebe Coachings und Trainings. Es ist ein wunderbarer Beruf, der mir großen Spaß macht.

Obwohl Humor eine ernsthafte Angelegenheit ist. Denn Humor verbindet Gegensätze: Humor besitzt Tiefe und scheint doch in luftigen Höhen zu existieren. Humor gründet auf Werten und nimmt alle Werte aufs Korn. Humor bewirkt Lachen und doch kann das Lachen im Halse stecken bleiben. Humor wirkt sympathisch und kann doch provokant sein. Humor ist anarchisch und schräg und deshalb intelligent und strategisch. Humor bedeutet Tiefstatus und Hochstatus. Gefühl und Verstand. Komik und Ernsthaftigkeit. Deshalb ist Humor als Erfolgsstrategie geradezu prädestiniert, um erfolgreich auf die Komplexität und Veränderungen unserer Zeit zu reagieren. Privat, beruflich und in Unternehmen!

Ich werde immer wieder gefragt, wie ich dazu gekommen bin. Ich habe es immer als Herausforderung empfunden, Gegensätze miteinander zu vereinen. Verbindungen zu finden, wo es scheinbar keine gibt. Das macht mir Spaß. Ich lache gerne. Vor allem, wenn ich ungewöhnliche Ansätze und Lösungen finde. Natürlich hat auch meine Theaterkarriere sehr dazu beigetragen. Und ganz bestimmt meine Arbeit in Unternehmen. Alle Menschen, denen ich in meinem Leben begegnet bin, haben mein Humorpotenzial entwickelt und geprägt. Und meine Welt verändert. Alle Menschen, mit denen ich Freude teilte, und Menschen, die mir Schmerz bereiteten. Ihnen allen widme ich dieses Buch.

Und die Menschen, denen ich in Zukunft begegne, werden meinen Humor weiterentwickeln. Ihnen widme ich mein nächstes Buch. Versprochen!

Mal schauen, wie sehr Humor bis dann meine Welt weiter verändert hat!

Einer Person bin ich zu besonders großem Dank verpflichtet: Ute Flockenhaus, der Programmleiterin vom GABAL-Verlag. Ohne sie wäre dieses Buch niemals entstanden. Das hat sie jetzt davon! Danke, Flocki.

Liebe Jumi, gern geschehen. Es war mir ein Vergnügen. Nein. Es war mir ein großer Spaß mit Ihnen! Ihre Flocki Rednose

Quellen

1 http://www.handelsblatt.com/technologie/forschung/
hirnforschung-mythos-multitasking;2528164
2 http://www.zitate.de/kategorie/Team/
http://www.zeitblueten.com/news/2333/team-zitate/
3 http://de.wikipedia.org/wiki/Pecha_Kucha
4 http://www.harvardbusinessmanager.de/heft/artikel/a-620896.
html
5 http:/de.wikipedia.org/wiki/Führungskraft_(Wirtschaft)
6 http://de.wikipedia.org/wiki/Managementkompetenz
7 Moore, Jaqueline M. und Sonsino, Steven: The Seven Failings
of Really Useless Leaders. MSL Publishing, London 2007
8 Schlicksupp, Helmut: Humor als Katalysator für Kreativität und
Innovation. Vogel Industrie Medien GmbH & Co. KG, Würzburg
2008
9 Holtbernd, Thomas: Führungsfaktor Humor: Wie Sie und Ihr
Unternehmen davon profitieren können. Redline Wirtschaft bei
Überreuter, Frankfurt a. M. / Wien, 2003
10 Reinbeck, Uwe, Sambeth, Ulrich und Winklhofer, Andreas:
Handbuch Führungskompetenzen trainieren. Beltz Verlag
Weinheim / Basel, 2009
11 Moore, Jaqueline M. und Sonsino, Steven: The Seven Failings
of Really Useless Leaders. MSL Publishing, London 2007
12 Schlicksupp, Helmut: Humor als Katalysator für Kreativität und
Innovation. Vogel Industrie Medien GmbH & Co. KG, Würzburg
2008
13 http://de.wikipedia.org/wiki/Karriere
14 www.youtube.com/watch?v=TbtsfyrEF_c
15 Lundin, Stephen C., Paul, Harry und Christensen, John: FISH!
Ein ungewöhnliches Motivationsbuch. Wilhelm Goldmann Verlag, 2003
16 Weinstein, Matt: Motivation. Wirtschaftsverlag Carl Ueber-
reuther, Frankfurt a. M. / Wien 2001
17 http://www.hs-pforzheim.de/De-de/Wirtschaft-und-Recht/Ba-
chelor/Werbung/Gastvortraege/Adolph/Seiten/Inhaltseite.aspx

Literatur

Albs, Norbert: Wie man Mitarbeiter motiviert. Cornelsen Verlag,
  Berlin 2005

Asgodom, Sabine: Reden ist Gold. So wird Ihr nächster Auftritt ein
  Erfolg. Ullstein TB, 2009

Birkenbihl, Vera F.: An Ihrem Lachen soll man Sie erkennen.
  mvg Verlag, Redline GmbH, Heidelberg 2005

Bessier, Jessica: Humor als Teil der Corporate Identity. Studien-
  arbeit, GRIN Verlag für akademische Texte, 2006

Bodis, Jennifer: Humor als Konkurrenzvorteil – Theorie und Anwendung. GRIN Verlag für akademische Texte, 2006

de Pree, Max: Die Kunst des Führens. Campus Verlag, Frankfurt
  a.m. / New York 1990

Doppler, Klaus; Fuhrmann, Hellmuth; Lebbe-Waschke, Birgitt
  und Voigt, Bert: Unternehmenswandel gegen Widerstände,
  Change Management mit den Menschen. Campus Verlag
  GmbH, Frankfurt a. M. 2002

Höfner, Eleonore und Schachtner, Hans-Ulrich: Das wäre doch
  gelacht, Humor und Provokation in der Therapie. Rowohlt
  Taschenbuch Verlag, Reinbek bei Hamburg 1997

Hoffmann, Heinz: Kreativitätstechniken für Manager. Verlag moder-
  ne Industrie AG & Co. / Buchverlag 8910, Landsberg 1987

Kresse, Albrecht und Ullman, Eva: Humor im Business, Gewinnen
  mit Witz und Esprit. Cornelsen Verlag Scriptor GmbH & Co. KG,
  Berlin 2008

Niermeyer, Rainer und Seyffert, Manuel: Motivation. Haufe Verlag,
  Planegg / München 2009

Reinbeck, Uwe, Sambeth, Ulrich und Winklhofer, Andreas:
  Handbuch Führungskompetenzen trainieren. Beltz Verlag,
  Weinheim / Basel 2009

Titze, Michael und Patsch, Inge: Die Humor-Strategie. Auf verblüffende Art Konflikte lösen. Kösel Verlag, München 2007

Ulsamer, Bertold: Alles ist machbar und 25 andere fatale Irrtümer
  im Business, Denkfallen unter die Lupe genommen. GABAL
  Verlag GmbH, Offenbach 2008

Watzlawick, Paul: Wie wirklich ist die Wirklichkeit? Wahn, Täu-
schung, Verstehen. Piper Verlag, München 2010
Wendt, Heide-Ulrike: Frauen lachen anders. mvg Verlag / Redline
GmbH, Heidelberg 2007
Zanetti, Daniel: 1001 Tipps zur Mitarbeitermotivation. Verblüffende
Ideen für einen motivierenden Geschäftsalltag. Redline Wirt-
schaft, Heidelberg 2002

DVD:
Farrelly, Frank: Einführung in die Provokative Therapie. Live-
Mitschnitt eines Seminars am deutschen Institut für Provokative
Therapie, München, 25. bis 27. Mai 2008, mit einer Einführung in
deutscher Sprache von Institutsleiterin Dr. E. Noni Höfner, D.I.P.
München, Aufnahme und Produktion: AUDITORIUM NETZWERK,
Müllheim / Baden

Über die Autorin

Jumi Vogler ist Kommunikations- und Humorexpertin. Sie arbeitet als Autorin, Coach, Trainer, Speaker und Unternehmenskabarettistin. Ihr Motto lautet: Erfolg lacht!

Nach dem Studium der Theaterwissenschaften, Germanistik und Publizistik an der LMU München und FU Berlin und einer Schauspielausbildung war Jumi Vogler an verschiedenen bundesdeutschen Theatern im Bereich Regie und Dramaturgie tätig. 1985 wurde sie als Dramaturgin im Öffentlichkeitsreferat des Niedersächsischen Staatstheaters Hannover engagiert, 1989 in die künstlerische Leitung des Staatsschauspiels Hannover berufen. Gleichzeitig übte sie eine Lehrtätigkeit an der Universität Hannover im Fachbereich Germanistik für theaterpraktische und theaterwissenschaftliche Seminare aus. Theaterpädagogische Projekte in den Bereichen Aus- und Weiterbildung waren der Vorläufer zu einer Ausbildung als Trainerin mit anschließender Tätigkeit bei der Volkswagen AG.

Jumi Vogler arbeitet seit nunmehr 17 Jahren freiberuflich als Autorin, Kabarettistin, Coach und Trainerin. 2009 gründete sie als Synergie ihrer bisherigen Lebens- und Berufserfahrung das »Jumi Vogler Unternehmenskabarett Potenzialentwicklung«.

Humor und Kommunikation sind ihre originären Lebens- und Berufsthemen. Und sie hat Spaß daran!

Weitere Infos auf der Website der Autorin unter www.jumivogler.de und in ihrem Blog »Erfolg lacht! – Humor als Erfolgsstrategie« unter www.erfolg-lacht.blogspot.com.

Management – fundiert und innovativ

Steve Kroeger
Die 7 Summits Strategie
ISBN 978-3-86936-229-8
€ 19,90 (D) / € 20,50 (A)

Markus Väth
Feierabend hab ich,
wenn ich tot bin
ISBN 978-3-86936-231-1
€ 19,90 (D) / € 20,50 (A)

David Allen
Ich schaff das!
ISBN 978-3-86936-178-9
€ 24,90 (D) / € 25,60 (A)

Brian Tracy
Keine Ausreden!
ISBN 978-3-86936-235-9
€ 29,90 (D) / € 30,80 (A)

Hans-Uwe L. Köhler
Die Perfekte Rede
ISBN 978-3-86936-228-1
€ 24,90 (D) / € 25,60 (A)

Svenja Hofert
Das Slow-Grow-Prinzip
ISBN 978-3-86936-236-6
€ 24,90 (D) / € 25,60 (A)

Andreas Buhr
Vertrieb geht heute anders
ISBN 978-3-86936-230-4
€ 29,90 (D) / € 30,80 (A)

Tom Peters
The Little Big Things
ISBN 978-3-86936-171-0
€ 29,90 (D) / € 30,80 (A)

Stefan Merath
Die Kunst seine Kunden
zu Lieben
ISBN 978-3-86936-176-5
€ 29,90 (D) / € 30,80 (A)

Weitere Informationen finden Sie unter www.gabal-verlag.de